당신의 곁에
우주를 가져다드립니다

이민규 지음

문학수첩

차례

1부. 우주 돛단배의 항해일지

01. 우주 돛단배의 진수식 ★ 8
02. 당신의 곁에 우주를 가져오는 사이프 ★ 17
03. 우주를 퍼 담는 방법 ★ 29
04. 시공간의 벽을 넘어선 동반자 ★ 44
05. 은하의 단면 속에서 ★ 56
06. 우주 선발대 ★ 63
07. 지구 바깥 세상의 모습 ★ 71
08. 별 하나의 세상들 ★ 79
09. 꿈의 소나기, 유성우 ★ 91
10. 해와 달의 예술 작품 ★ 100
11. 지구의 그림자 ★ 115
12. 고개를 들면 볼 수 있는 것들 ★ 134
13. 날씨 너머의 일주운동 ★ 143
14. 태양들의 세계 ★ 158
15. 외계 행성 ★ 166
16. 형제 별의 생명들에게 ★ 171
17. 고향 행성으로 회항하며 ★ 181

2부. 당신의 곁에 우주를 가져다드립니다

–천문 TMI ★ 193

1부.

우주 돛단배의 항해일지

01
우주 돛단배의 진수식

"천문학은 영혼으로 하여금 위를 쳐다보도록 강요하였고, 우리를 이 세계로부터 다른 곳으로 이끌었다." 플라톤이 했노라 전해지고 있는 이 말만큼 내 가슴을 깊이 울린 문장은 없었다. 정말로 밤하늘을 올려다보는 매 순간 나는 내 영혼이 이끄는 대로 따라가 우주 너머 다른 세계의 광경을 상상하고는 한다. 이것은 내게 즐거운 여행이자 벅찬 모험이며 활기찬 삶의 에너지가 되었다. 비록 지구에 발붙이고 살아가고 있지만 상상에는 제약이 없기 때문일까? 나는 종종 나만의 작은 돛단배를 띄우고 우주로 나아가 여기저기 여행 다니기를 즐긴다.

우주를 사랑하는 것은 아주 긴 시간과 방대한 공간 그리고 그

안에 담긴 모든 것을 사랑하는 일이기도 하다. 그렇기에 누군가는 인생의 선배에게서, 또 누군가는 반복된 경험으로부터 얻었다는 견문을 나는 무수한 미지를 향해 뻗어나가는 마음들을 통해 넓힐 수 있었다. 빛의 속도로 수천수만 년의 시간을 달려와 내 눈에 닿은 수십 광년 크기의 천체들은 이 세상의 크기를 짐작해 보게 함으로써 나 자신에 대한 겸손을 비롯한 수많은 가르침을 주었다.

어떤 사람들에게는 그저 밤하늘의 빛나는 점일 뿐인 별들에 어째서 나를 비롯한 몇몇 사람들은 강력히 매료되어 이를 좇고 사랑하며 살고 있을까? 어린 시절 내 방 책장은 어머니가 사줘서 채워둔 책들로 북새통을 이루었다. 소설이나 시집도 잔뜩 꽂혀있었고, 한쪽 책장은 전부 위인전으로 가득 차있기도 했다. 나는 아직도 이름만 들으면 누구나 알법한 인류의 수많은 위인들이 살아간 일대기를 뒤적이는 내 모습을 기억한다. 키가 작았던 어린 시절의 나에겐 그 책장이 마치 도시의 건물처럼 느껴지기도 했다.

책으로 쌓아 올린 도시를 연상하게 만드는 그곳에서도 내가 가장 많이 방문한 곳은 기필코 과학책으로 쌓인 건물이었다. 어린이가 읽기 쉽게 만화로 그려진 파란색 표지의 과학책 시리즈는 몇 번씩 되풀이하며 읽어서 모서리가 닳고 해질 정도였다.

나는 그 과학 시리즈의 모든 책을 좋아했지만 이 낡은 책들 중에서도 내 손을 가장 많이 거친 책은 단연코 천문학 책일 것이다. 나는 천문학 책을 보고 인생의 전환점을 만났다. 내가 흥미롭게 읽던 책에는 베텔게우스라는 항성이 태양보다 수백 배 크다는 내용이 적혀있었다. 그게 뭐 어떻냐는 듯 대수롭지 않게 넘어갈 수도 있었겠지만 평소 과학책 읽기를 좋아하던 나는 태양이 얼마나 거대한 천체인지 그 나이에도 충분히 알고 있었다.

우리는 매년 명절이면 이 좁은 국토 안에서 대이동을 하곤 한다. 나 또한 어렸을 때 서울 우리 집에서 아버지의 고향인 파주로, 큰집이 있는 포천으로 기나긴 여정을 떠나고는 했다. 어렸던 내게 대중교통을 타고 몇 시간을 이동하는 것은 꽤 힘든 일이었다. 그때 나의 세계에서 파주와 포천은 상상하기 힘들 정도로 아주 먼 곳이었다. 자동차라는 편리한 수단을 통해도 꽤나 멀고 힘든 길이다. 아직도 내게는 아무리 달려도 끝날 것 같지 않은 차창 밖 무심한 도로의 모습이 어린 시절 명절날 항상 함께했던 멀미약과 함께 작은 트라우마로 남아있다. 하지만 지구의 크기에 비한다면 어떨까? 서울에서부터 경기도까지는 고사하고 서울에서부터 부산까지의 거리도 아주 작은 먼지만 한 길이 되기 마련이다.

우리가 사는 지구라는 행성은 분명 드넓고 커다란 세계다. 마젤란의 탐험대가 처음 지구를 한 바퀴 도는 데 자그마치 3년이라는 세월이 흘렀다. 그들이 겪은 지구라는 세상의 크기가 얼마나 방대하고 넓었을지 감히 짐작이 되지 않는다. 그때뿐만 아니라 많은 것이 발전한 현대에 와서도 지구를 한 바퀴 도는 것은 그리 만만한 일이 아니다. 비행기라는 엄청난 수단을 발명해 하늘을 정복했음에도 우리가 비행기를 타고 지구 반대편에 도달하는 것조차 결코 만만한 일이 아니다.

그러나 인간이 태어나 요람으로 여기며 아웅다웅 살아가고 있는 우리의 푸른 세상 지구는 태양 앞에서 보일 듯 말 듯한 작은 점에 지나지 않는다. 만약 지구를 2센티미터짜리 구슬에 비유한다면 태양은 2미터를 훌쩍 넘겨 최홍만 선수의 키와 비슷한 지름을 갖게 될 것이다. 키 2미터가 넘는 거구의 사람 앞에 놓인 구슬을 생각해 보라. 그리고 그 구슬이 우리가 발 딛고 사는 세계라고 생각해 보자. 우리는 얼마나 작은 존재인가? 마젤란의 탐험대가 이 구슬을 한 바퀴 도는 데 3년이 걸렸다고 생각하니 가슴이 턱 막혀올 정도다. 나는 이미 태양에 이르러 세상의 크기가 얼마나 방대한지 가늠하기가 어려워졌다. 우리 세계의 별은 확실히 인간의 상상을 뛰어넘는 존재임이 틀림없었다.

누군가는 이런 물음을 건네곤 한다. 태양의 크기를 실감할 수는 없지만, 만약 달의 위치에 태양이 있다면 태양이 하늘을 가득 메우는 장관을 볼 수 있지 않겠느냐고. 그렇지는 않을 것이다. 태양이 달의 위치에 있다면 지구는 이미 태양에 삼켜져 사라진 지 오래일 테니까. 태양의 직경은 약 139만 킬로미터로 달과 지구 사이의 거리인 38만 킬로미터보다 훨씬 크다. 그러니 지구와 달 사이에 태양이 비집고 들어올 틈은 결단코 없을 것이다. 달과 지구는 그 사이에 태양계 행성을 전부 넣을 수 있을 만큼 떨어져 있는데도! 그러니 태양의 크기를 실감하는 것은 과감히 포기하자. 내가 발 딛고 사는 세상을 그저 구슬로 보이게 만드는 압도적인 크기라면 누구든 그 크기를 실감하기 어렵지 않을까?

이렇듯 이미 태양조차 내게는 상상하기 어려운 압도적인 크기였다. 그런데 나는 어릴 적 책을 통해 태양보다도 수백 배 거대하다는 별을 마주했다. 내 상상으로는 도무지 감조차 잡을 수 없는 크기의 그 별은 대체 어떤 모습일까? 얼마나 거대할까? 의문투성이의 그 별은 종종 내 마음속에 들어와 우주 공간을 누비는 자신의 압도적 크기를 뽐내곤 했다. 하지만 태양의 크기조차 가늠하기 어려운 작은 구슬 위의 인간이, 태양보다 수백 배 거대하다는 별의 존재를 감히 가늠할 수는 없는 일이었다.

어렸던 그 시절 나는 이 별을 찾아 궁금증을 풀고자 했다. 사실상 처음으로 내 마음을 사로잡은 별, 붉은빛의 초거성 베텔게우스는 꽤 유명한 별자리인 오리온자리의 알파성으로 사람들에게 알려지지 않은 별은 아니었기에 나는 인터넷에서 찾은 몇 가지 정보만으로 밤하늘에서 쉽게 그 별을 찾을 수 있었다. 지구보다 훨씬 거대한 우리 세계의 별, 태양. 그리고 그 별보다도 수백 배나 거대하다는 붉은 별이 처음 내 눈에 닿았을 때 나는 실망감보다는 경외감을 느꼈다. 물론 책에서 그렇게 거대하다고 떠들어 대던 별은 그저 밤하늘의 붉은 점에 불과했다. 태양보다 수백 배나 더 큰데도, 인간이 감히 가늠할 수 없는 엄청난 크기를 가졌음에도 이곳 지구에서 그저 점으로만 보인다면 대체 얼마나 멀리 떨어져 있다는 것일까? 얼마나 멀리 떨어져야 그만한 크기의 별이 간신히 밤하늘에서 희미하게 빛나는 점으로 보이게 될까?

베텔게우스만이 아니었다. 밤하늘의 모든 점은 저마다 강력한 힘을 가진 또 다른 태양이지만 그중 우리에게 태양처럼 엄청난 크기의 빛 덩어리로 보이는 것은 단 하나도 없었다. 별의 크기에 압도당한 것이 무색하리만큼 우주의 크기 또한 내게 자비없이 찾아와 풍선에 바람을 넣듯 내 상상력의 경계에 바람을 불어넣기 시작했다. 아무리 거대한 외계의 태양도 우주의 크기 앞에선 고작 작은 점일 뿐이라는 사실에 순식간에 매료된 나는 깊은 감명에 빠져들었다. 이런 거대함을 마주하고 우주라는 곳에 흥미를 갖지 않는 것이 내게는 어려운 일이었다.

시작은 머나먼 외계 태양 베텔게우스에 대한 상상부터였지만 나의 우주 돛단배는 베텔게우스를 시작으로 이곳저곳을 누비며 우주를 항해하기 시작했다. 항해의 계기가 되어준 것은 거대한 별이었으나 그것은 계기였을 뿐, 우주의 다른 곳들을 방문하고 사랑에 빠지는 것은 거대한 별이 그 덩치를 뽐내는 곳이 아니더라도 상관없었다. 그중에서도 우리 태양계의 천체들은 우주 저편의 거대한 천체들보다는 작지만 반대로 매우 가까운 곳에 있었기에 우주를 떠도는 다른 존재들에 대한 자세한 면면들을 내게 보여주었다. 너무 멀어서 점으로 보이는 천체가 우주의 크기에 대해 알려주었다면, 비교적 가까워 표면을 볼 수 있는 천체들은 다른 세계의 모습에 대한 내 상상력을 자극했다.

화성에는 드라이아이스로 이루어진 극이 존재하고, 목성의 대적점大赤點은 지구가 족히 들어가고도 남을만한 크기의 폭풍이라고 한다. 토성의 고리는 개개인이 가지기에 부담이 없는 작은 천체망원경으로도 확인할 수 있을 만큼 거대한 규모를 자랑한다. 달은 망원경을 통해 보면 지형지물이 확인 가능할 정도로 자세한 모습을 볼 수 있다. 이처럼 우리 지구의 태양계 형제들은, 멀어서 장엄하지만 자세히 볼 수는 없는 외계의 천체들과는 또 다른 매력을 가지고 있었다. 나의 우주 항해가 닿는 천체들마다 각양각색의 특징을 가지고 있고 우리 지구처럼 이 천체들도 전부 다른 하나의 세계라는 사실이 얼마나 황홀하고 놀랍던지. 그렇게 나의 작은 돛단배는 우주의 바다에 진수했다.

나는 오래전 우주의 바다에 진수된 작은 돛단배를 타고 아직도 우주 이곳저곳을 항해하는 중이다. 때로는 상상을 통하기도 하고 어떤 날에는 무작정 망원경을 들고 나가, 내가 태어나기는커녕 인류의 조상이 아프리카의 초원을 거닐던 때 출발한 빛을 두 눈에 기쁘게 담기도 한다. 카메라를 들고 나가 그날의 우주를 담아 오는 것처럼 우주의 모습을 직접 담아 와 소개하는 것도 이미 우주를 가져오는 훌륭한 방식의 하나가 되었다.

이런 방법들 외에도, 현대 문명의 진보 아래 태어난 내게는 하늘이 보이지 않더라도 내 방 컴퓨터 앞에 앉아 우주에서 어떤 일들이 있었는지 찾아내 여러 사람들에게 들려줄 수 있다. 그리고 이 또한 내가 우주를 항해하는 방식 중 하나다.

수단만 찾아낸다면 우주의 바다를 항해하는 방법은 무궁무진하고, 우리는 그것을 대부분 누릴 수 있는 시대에 살고 있다. 어떠한 방식으로든 지금 시대에 가능한 방법들로 우주의 바다에 뛰어들게 된다면, 분명 다음 시대에는 더 나아가 직접 우주로 뛰어드는 이들도 나타나리라 믿는다. 어쩌면 다음 시대의 항해는 지구의 품 안에서 그려보기만 하는 것이 아니라 어머니 행성의 품을 벗어나 직접 미지의 세계로 뛰어드는 항해가 될지도 모른다.

역사 속 위대한 탐험가들이 그랬듯이 미래의 그들도 뻗어나가고 발견하고 탐구하고 다시 뻗어나가길 반복하며 지금의 우리가 그려온 세상의 진짜 모습을 담아 가지고 와서 더 많은 이들의 가슴에 불을 지피지 않을까. 우리 중에 누가 이 놀라운 일을 해내게 될까? 이런 엄청난 탐험을 시작하려면 적어도 밤하늘 너머로 작은 돛단배를 띄워 우주의 모습들을 그려오던 이들이어야 하지 않을까? 분명 이들은 그들 자신이 마음속으로 그리고 동경하던 세계를 향해 거리낌 없이 전진할 것이다. 그러니 먼저 우리도 우리 시대에 할 수 있는 항해를 시작해야 한다. 그래야만 누군가가 횃불을 들고 어두운 심연 너머로 모두를 이끌어 갈 것이다.

이 이야기에 공감한다면, 그리고 어느덧 우리 인간에게 너무 작아져 버린 고향 행성의 바깥세상이 궁금하다면 우주를 향한 상상 속 돛단배에 오르시길 감히 추천 드린다. 이곳저곳을 누비며 수많은 동료 항해자들을 만나 느낀 것에 대해 즐겁게 이야기하시길 바란다. 나 또한 항해 중에 여러분을 만나면 분명히 말씀드릴 것이다. 오늘 당신의 곁에 가져다드릴 우주에 대해서.

02
당신의 곁에 우주를 가져오는 사이프

2018년 새해를 얼마 앞둔 어느 겨울날 뜬금없이 주변 사람들에게 가평에 가서 살다 오겠다고 한 적이 있다. '일도 서울에서 하고 집도 서울에 있는데 갑자기 웬 가평' 하는 반응이야 있었지만 평소 내가 어떤 사람인지 아는 대다수 지인들은 내가 어째서 가평으로 떠나려 하는지 바로 이해한 눈치였다. '분명 별을 보러 가는 거겠지.' 하기야 그 친구들이 눈치채지 못하는 게 이상할 정도로 나는 꽤 오랜 시간 우주에 빠져 사는 사람으로 각인되어 있었다. 도심지의 불빛으로 가득 채워진 서울의 밤하늘은 그곳에 빠져 허우적대기를 일상으로 삼은 나에게 결코 만족스러운 하늘이 아니었다.

서울을 비롯한 대도시권에서 생활하는 사람들은 알겠지만, 그래서 대체 서울 하늘은 얼마나 별이 안 보인다는 것일까? 우리 지구는 자전을 하기 때문에, 지구의 하늘과 천체들은 지구의 자전을 따라 회전하는 일주운동을 한다. 이렇게 회전하는 천체를 추적하기 위한 사전 작업으로 '극축 정렬'이라는 것을 해야 하는데 이 작업을 하려면 먼저 북극성을 찾아야 한다. 문제는 서울에선 2등성인 북극성도 보일락 말락 할 정도라, 특히 광공해가 심한 날에는 불이 다 꺼진 침대 위에서 스마트폰을 찾는 것처럼 극축망원경으로 밤하늘을 한참 더듬어야만 한다는 것이다. 기어이 극축망원경 가장자리에 희미한 점 하나가 지나치길래 다시 확인해 보니 북극성이 그렇게 초라한 처지에 놓여 있을 수 없었다.

안타깝게도, 망원경까지 동원해서 본 북극성은 붉은 도심지의 빛에 파묻혀 간신히 존재를 드러내고 있었다. 카메라의 라이브뷰로 확대해 보면 아예 노이즈와 분간하기도 어려울 정도였다. 이렇듯 도시의 불빛은 태곳적부터, 아니 그보다 더 이전에 밤하늘을 가득 채우고 있던 별빛을 지상으로 끌어내려 하늘을 인공 불빛으로 가득 채워버렸다.

내가 바라마지않는 우주라는 바다는 캄캄하고 어두우면서도 별빛으로 가득 채워진 곳이었다. 하지만 안타깝게도 나는 서울

토박이로 타지에서는 한 번도 살아본 적이 없는 상황이었다. 홀로 쓸쓸히 광공해로 가득한 바다를 여행해야 한다니! 이런 생각으로 가득한 와중에 때마침 어머니의 지인이 가평에서 운영하는 펜션에 투숙용으로 나온 작은 오두막이 있다는 말을 듣고 잠깐의 고민도 없이 그곳으로 향하기로 결심했다. 1년은 혼자 살며 오로지 별만 보다가 올 생각이었다.

사실 광공해 지도를 펼쳐보면 가평 역시 광공해로부터 자유로운 곳은 아니었지만, 우리나라에는 이미 광공해에 뒤덮이지 않은 곳을 찾아보기가 어려울 지경인 데다, 2등성도 간신히 보일까 말까 한 서울 하늘에 적응된 내게는 그야말로 별천지가 따로 없었다. 가평이 이 정도라면 호주나 몽골 오지의 밤하늘은 대체 어떨까?

그렇게 광공해로부터의 도피를 결심한 지 일주일 만에 나는 가평으로 떠나게 되었다. 내가 향한 곳은 고즈넉한 산속 작은 도로가에 위치한 멋진 펜션이었다. 거의 태어나서 처음으로 광공해를 벗어나 천체 관측과 촬영을 할 수 있다는 생각에 마음이 어지간히 급했던지, 펜션 앞뜰에 있는 작은 오두막에 도착하자마자 내가 가장 먼저 한 일은 짐을 푸는 것도 아니고 오두막 내부를 둘러보는 것도 아닌, 카메라와 망원경을 들고 마당으로 나가는 일이었다.

하늘에 보이는 거라곤 희뿌연 빛의 공해밖에 없던 서울과 날리 별이 쏟아질 것만 같은 밤하늘에 정신없이 카메라를 들이댄 채 연신 셔터를 누르고, 촬영값을 세팅해 두고, 주인 잘못 만난 불쌍한 카메라가 영하 20도의 날씨에서 몇 시간씩 자동 촬영을 이어나가는 사이 나는 망원경을 이리저리 돌리며 우주의 바다를 항해했다. 누가 보면 사막에서 오아시스라도 만난 사람으로 보였을 테다.

이렇게 가평에 도착한 첫날 찍은 천체사진은 나의 별바다 입성을 기념하는 동시에, 내가 이 책을 쓰기 시작한 계기가 된 '당신의 곁에 우주를 가져오는 사이프' 계정의 프로필 사진으로 지금도 굳건히 자리를 지키고 있다. 비록 SNS 프로필 사진 크기 제한에 걸려 동그란 중심부만 보이는 바람에 이게 천체사진인지, 아니면 인터넷에서 우주 사진이라고 돌아다니는 프라이팬 위의 탄 음식 사진인지 구분하기도 어려울 지경이 되었지만 나는 아직도 그날의 풍경을 생생하게 기억하고 있다. 앞뜰 펜션 건물과 마당에 심은 나무 뒤로 보석처럼 빛나는 오리온자리가 하늘을 수놓은 풍경이 아직까지도 눈에 선하다.

분명 광공해의 늪에서 벗어나 신나게 천체사진을 찍은 것은 좋았지만 가평에서의 별지기 생활 중에 내가 찍은 사진들은 보통 카카오톡 친구 창에 띄워진 몇몇 주변인들에게만 보이는 것이 고작이었다. 하지만 때로는 조금이라도 많은 사람이 보길 바라며 개인 SNS 계정에 올리면서 무엇을 어떻게 찍었노라 과한 자랑을 늘어놓기도 했다. 다행스럽게도 사람들의 감탄 섞인 반응에 어깨가 들썩이긴 했지만 이것만으로는 뭔가 아쉬운 느낌이 들었다. 친구들은 내 우주 이야기를 계속 들어주기에 너무도 바쁜 삶을 살아가고 있었고, 매일매일 내 이야기를 들어주기도 어려운 일이었다. 관심 없는 분야에 호기심을 갖는 건 어쩌다 한 번이면 족하다는 것을 알고 있던 나는 눈치껏 친구들에게 별 사진과 우주 이야기를 들이미는 횟수를 줄였다.

그러다 문득 어떤 생각이 뇌리를 스쳤다. 친구들뿐만 아니라 더 많은 사람들에게 천체사진을 보여줄 수 있다면, 아니 더 나아가서 우주 이야기를 전할 수 있다면 좋지 않을까? 보석 같은 별들이 밤하늘을 일주하는 펜션 앞뜰의 풍경처럼 내가 본 수많은 멋진 광경을 나와 주변 몇 사람만 알고 지나치기에는 이 밤하늘이 너무 아까웠다. 막말로 우리가 보고 사는 세상의 절반이 땅이라면 나머지 절반은 하늘 아닌가. 우리가 땅에 발붙여 살고 있다는 이유로 지상의 이야기만으로 가득한 세상이 내게는 조금 아쉽게 느껴졌는지도 모른다.

좋아하는 취미가 있으면 공유하고 싶은 것이 사람 마음이랄까, 가평에서 천체사진을 찍으며 사진 공부에 열을 올리던 내내 끊임없이 천문학 이야기를 하는 SNS 계정에 대한 생각이 꼬리에 꼬리를 물었다. 사진 찍기와 병행하기에는 시간과 에너지가 부족할 것 같아 미뤄두고 있었지만 결국 가평에 온 지 한 달 즈음이 지나자 이 생각을 실천에 옮기기 위한 여러 플랫폼을 물색했고, 그중에 텍스트 형식으로 정보를 전달하기 가장 적합한 플랫폼에 마음이 기울고 있었다. 여러 사람에게 내가 쓴 글을 보여주기 가장 적합해 보이는 플랫폼은 바로 트위터였다(지금은 'X'라는 이름으로 바뀌어 버렸지만).

마음을 정한 뒤 계정을 하나 만들고 나자 이번에는 계정 이름을 정하기 위해 머리를 싸매야 했다. '천문 대사전'? 대사전이라고 하기에는 내가 가진 지식이 너무나 부끄러운 수준이었다. '천문 정보 계정'? 너무 평범하고 딱딱하기 그지없다. 반려동물 이름 한 번 지어본 적 없는 내게 거의 처음 자각하게 된 내 작명 센스의 한계가 여실히 다가왔다. 이름 공모전 같은 것들을 몇 번 본 적이 있는데 아무래도 그런 공모전을 열게 된 것도 고심에 고심 끝에 결국 다른 사람의 힘까지 빌려야 할 정도로 이름 짓는 일이 어려웠기 때문이라고 생각하니 그 심정이 백번이고 이해되는 기분이었다.

몇 가지 더 보잘것없는 이름을 떠올린 뒤 나는 내가 정말로 무엇을 하고 싶었기에 이 계정을 만들기로 결심했는지를 생각해 보았다. 이름은 분명 내 계정을 처음 접하는 사람들이 가질 첫인상에 큰 영향을 줄 테니 계정 이름에 대한 고민은 확실히 필연적인 과정이었다. 천문 정보를 보러 내 계정에 들른 사람들에게 처음 선보일 이름이 '천문 빅뉴스!'(앞에 말한, 몇 가지 더 생각해 낸 보잘것없는 이름 중 하나였다) 같은 것이라면 나라도 절대 사절이다.

그렇다면 내가 이 계정으로 하고자 하는 바가 대체 뭘까. 우주의 바다를 항해하며 우주를 퍼 담아 주변에 전하기 바쁜 내가 정말로 하고 싶은 것, 그것은 바로 사람들의 곁에 내가 퍼 담은 우주를 가져다주는 일이었다. 거창하게 '대사전'이니 '빅뉴스' 따위가 아니라 그저 우주를 전하고 싶을 뿐이었다. '당신의 곁에 우주를 가져오는'이라는 이름은 이렇게 정해지게 되었다.

여기에 더해 내가 가장 좋아하는 별 가운데 하나인 '사이프'를 닉네임으로 사용하기로 했다. 별자리에 소속된 별들은 밝은 순서대로 그리스 알파벳을 붙이는 '바이어 명명법'에 따라 알파벳을 부여받는데, 사이프가 지닌 또 다른 이름은 오리온자리 카파 κ Ori로 순서로는 무려 열 번째 알파벳이었다. 알파나 베타는커녕 하다못해 감마나 델타도 아닌 생소하기 그지없는 알파벳 카파, 그게 이 별이 밝기 순서를 통해 부여받은 이름이었다.

비록 실제 밝기는 오리온자리의 별들 가운데 여섯 번째를 차지하고 있기는 하지만(바이어 명명법에 따라 오리온자리에서 알파벳을 부여받은 별은 모두 59개다) 그 밝기 탓에 이 별에 대해서 아는 이가 별로 없다는 사실은 변하지 않았다. 누구나 알법한 오리온자리의 알파성 베텔게우스를 인터넷에서 검색하면 곧바로 그 별에 대한 정보가 나열되지만 사이프를 검색하면 맨 위에 "타이어에 새겨진 가는 홈"이라는 뜻의 자동차 용어가 나오는 것은 이 때문일 것이다(지금은 별 이름이 제대로 나온다). 사실 사이프는 꽤나 밝은 별인데 말이다.

그런데도 이 별이 밤하늘에서 그리 밝아 보이지 않는 이유는 빛의 속도로 650년을 날아가야 닿을 수 있는 거리에 떨어져 있는 탓이다. 이는 우리가 살고 있는 지구 안에서도 흔히 볼 수 있는 일이다. 사실 스스로는 정말 환하게 빛나고 있지만, 멀리 떨어져 있는 탓에 내 진짜 밝기를 알아채지 못하는 사람들이 쏟아낸 말들로 스스로의 밝기를 의심하고 상처받는 이들을 많이 보았다. 나는 이런 사람들에게 '사실 그렇지 않다'는 것을 이 오리온자리의 푸른 별 사이프의 예를 들어 이야기해 주고 북돋아 주고는 했다. 당신의 진짜 밝기는 가까운 이들이 충분히 알아봐 줄 거라고, 멀리 있는 사람들이 내뱉은 말에 크게 상처받지 않기를 바란다고. 앞으로 '사이프' 계정을 통해 만날 사람들에게 해주고 싶은 말이기도 했다.

그렇게 유성우가 떨어지던 어느 날 밤 가평의 한 오두막에서 우주 알리미 사이프가 탄생하게 되었다.

내 천문 계정은 이런저런 천문 정보를 알리는 용도로 사용하고 있지만 천문 현상이 있는 날이면 이를 알리고 중계하는 역할로도 쓰이고 있다. 매년 특정 시기에 찾아오는 유성우라든지 태양계 행성들이 천구상에서 만나는 일, 혹은 일식이나 월식이 있으면, 우리나라에서 볼 수 없는 지구 반대편의 일이라고 해도 관측 방법과 관측 가능한 장소에 관한 정보를 올리고 있다. 이렇게 우주에서 어떤 일들이 일어나고 있는지 알리는 것은 꽤나 보람차고 기쁜 일이다.

물론 우주를 알리는 일 자체가 좋기도 하지만 내가 특별히 이 천문 현상을 알리는 것에 집중하는 이유가 있다. 사람들에게 우주에서 일어나는 일들에 대해서 이야기하려고 이런저런 천문 현상을 찾아다니며 느낀 것은 한국이 천문 관련해서 꽤나 소외되어 있다는 점이었다.

지난 2024년 4월 지구 반대편 북아메리카에서는 금환일식에 이어 불과 반년도 지나지 않아 대륙을 통째로 관통하는 개기일식이 있었다. 관측 당사자인 북아메리카 사람들은 물론이거니와 지구 반대편에 살고 있는 다른 대륙 사람들도 엄청난 관심을 두고 있던 이 개기일식에 대해서 우리는 얼마나 알고 있었을까?

개기일식 당일 북아메리카에서 장엄한 우주쇼가 펼쳐질 것임을 알리기 전에 내가 살펴본 바로는 거의 대부분의 사람들이 지구 반대편에서 이런 일이 일어나고 있다는 사실조차 모른 채 평범한 하루를 보내기 바빴다. 나를 비롯한 몇몇 사람들이 확성기를 들고 열심히 외치고 나서야 지구 반대편에 개기일식이 있다는 사실을 알고 관심을 갖는 사람들이 늘어나기 시작했다. 아예 일식을 중계하려고 북아메리카로 원정 관측까지 불사하는 사람들도 있었다. 볼 수 없다면 아쉬운 것이고 또 관심이 없다면 할 수 없는 노릇이다. 그러나 이런 사실을 아예 모르고 넘어가는 것은 또 얘기가 다르다.

마찬가지로 이 글을 쓰고 있는 지금(2024년 6월)도 2003년 이후로 가장 강력한 태양폭풍이 들이닥쳐 온 지구에 오로라가 장대하게 꽃을 피우고 있다. 이웃나라 일본 사람들도 홋카이도에서 오로라가 보일지 너도나도 관심을 보이고 있는데, 바로 오늘 전 지구적으로 오로라 대잔치가 열리고 있다는 사실을 과연 우리나라 사람 중에 몇 명이나 알고 있을까?

그러나 내가 생각하기에 이는 우리나라 사람들이 우주에 관심이 없어서가 아니다. 광공해로 뒤덮인 좁은 국토에 옹기종기 모여 사는 특성상(한국은 이탈리아에 이어 전 세계에서 광공해가 가장 심한 나라로 여겨지고 있다) 오로라도 개기일식도 완전히 남의 일인 상황 속에서 그저 자연히 잊혔을 뿐일 것이다. 오로라는 극지방 사람들이나 볼 수 있는 것이고, 개기일식은 땅덩이 넓은 나라 사람들이 보는 것이며, 유성우는 광공해가 없는 곳에 사는 사람들만 볼 수 있는, 순전히 남의 일로 여겨지는 게 당연해진 것이 새삼 안타깝다. 그러나 유튜브 중계를 통해 모니터 너머 천문 현상을 그저 강 건너 불구경하듯 보는 게 전부일지라도 아예 이런 사실조차 모르고 똑같은 하루를 평범히 보내는 것은 너무나도 아쉬운 일이다.

오늘도 역시나 지구 여기저기에 오로라가 등장해 흩날리고 있음을 알리자 많은 사람들이 관심을 보이고 오로라에 대해서 이야기하고 있다. 물론 관측할 수 있다면 더할 나위 없이 좋겠지만, 직접 볼 수는 없더라도 하늘 너머에서 끊임없이 많은 일들이 일어나고 있음을 알리는 것이 이 계정의 목적이 되었다.

뿐만 아니라, 드물긴 해도 우리나라에서 볼 수 있는 천문 현상 역시 존재한다. 행성이 천구상에서 일렬로 정렬하는 행성 정렬이나 대유성우 같은 것은 서울 도심지 한복판에서도 충분히 볼 수 있다. 관측 기회를 놓치고 나서 이런 현상들이 있었다는 것을 뒤늦게 알고 아쉬워하는 사람들을 많이 볼 수 있었다. 우주를 좋아하는 사람으로서 조금이라도 더 많은 사람들이 이런 아쉬움을 겪지 않도록 확성기를 들고 오늘 하늘에 어떤 일이 일어나고 있는지 외쳐야 하지 않을까?

결국 이날 우리나라에서도 오로라 촬영에 성공한 사람들이 등장해 한국도 더 이상 '오로라 청정국'이 아님이 입증되었다. 비까지 내린 데다 많은 사람들이 한국에 오로라가 나타날 리 없다며 포기했는데, 완전히 바다 건너 다른 나라 사람들의 일이라고 생각했던 오로라가 강원도 화천에 모습을 드러낸 것이다. 이 사실을 많은 사람들이 알 수 있도록 나는 한국에서도 오늘 오로라가 화려하게 피어났음을 계속해서 여기저기 알렸다. 다행히 많은 사람들이 무려 한국에 나타났다는 오로라를 보고 굉장히 신기해하는 모습을 볼 수 있었다.

당신의 곁에 우주를 가져다준다는 건 이런 의미일 것이다. 우주를 가져다줬을 때 사람들이 기뻐하는 모습이 보기 좋아 오늘도 수많은 사람의 곁에 화려한 오로라가 가득하길 바라며 여러분의 곁에 우주를 가져가 본다.

03
우주를 퍼 담는 방법

우주의 바다에서 별빛을 퍼 담아 오는 방법에는 여러 가지가 있다. 글로 전하는 방법에도 큰 매력을 느껴 지금 이 순간에도 키보드를 두들기고 있지만, 여전히 내게 가장 매력적인 방법은 천체사진이다. 천체사진에 담기는 빛들은 내게 의미가 남다르다. 집 앞의 꽃이나 맛있는 음식을 찍는 일도 충분히 매력적이지만, 밤하늘 너머에서 날아와 사진에 담긴 이 빛은 짧게는 몇 년에서 길게는 수백 수천 년을 날아온 먼 과거의 빛이다.

예를 들어, 오차 범위가 꽤 있긴 하지만, 지금 고개를 들어 현재의 북극성인 폴라리스를 바라본다면 그 빛이 출발할 즈음 우리나라는 임진왜란이 일어날 무렵이었을 것이다. 먼 옛날 이순신 장군이 한창 바다를 누빌 때 출발한 북극성의 빛이 이제 우리의 눈에 닿기 시작한 것이다. 이렇게 광년이라는 먼 거리를 달려와 내 카메라에 담겨 한순간의 사진으로 남은 모든 천체들의 순간이 반갑고도 아름답기 그지없다.

내가 천체사진을 처음 찍은 것은 10대의 마지막 끝자락을 지낼 무렵, 어머니가 고등학교 졸업 선물로 카메라를 사줬을 때다. 내가 처음으로 얻은 카메라는 캐논 600D였는데 지금이야 아주 구식 취급 받는 기종이지만 당시에는 갓 나온 최신예 기종으로 소개되던 시절이었다. 나는 이 기종을 아주 좋아해서 아직까지도 애용하고 있는데 구닥다리 기종으로도 이런 천체사진을 찍을 수 있다는 사실에 놀라는 이들이 꽤 많다. 지금이야 많은 사진을 찍어와 익숙하지만 이때 처음으로 맨눈으로 하는 단순 관측이 아닌 카메라를 통해 밤하늘을 들여다보는 방법으로 천체사진의 매력을 확인할 수 있었다.

천체 관측은 분명 직접 눈으로 밤하늘을 올려다보며 황홀경에 빠질 수 있다는 장점이 있지만 다른 사람들에게 이 감동을 전달하려면 그 사람도 같이 관측을 해야만 한다. 천문대에 가는 것이 썩 귀찮기만 한 사람들에게는 그다지 좋은 방법이 아니었다. 그러나 천체를 사진으로 찍으면, 내가 본 우주를 퍼 담아 다른 사람에게 보여줄 수 있는 수단이 된다. 별을 보고는 싶지만 천문대에 가기는 귀찮은 사람들 입장에서는, 내가 직접 천문대에 가서 찍어 온 사진을 모니터를 통해 보는 게 훨씬 편하지 않겠는가.

기술의 발전도 눈부셔서, 예전에는 필름 카메라로 촬영한 뒤 필름을 인화하는 작업을 거쳐야 했지만 지금의 DSLR 카메라는 촬영한 사진을 컴퓨터로 옮겨 인터넷에 게시하기까지 채 몇 분이 걸리지 않는다. 옛 필름 카메라 시절을 겪어보진 못했어도, 그 시절 디지털 사진을 얻기 위해 인화한 사진을 다시 복합기에 스캔하는 과정은 그때의 낭만은 분명히 있겠으나 내게 크게 와닿는 방법이 아니었다.

천체사진을 찍으러 가평으로 떠난 것도 이러한 이유 때문이었다. 그러나 천체사진을 잔뜩 찍으리라는 포부와 달리, 처음 천체사진을 배우기 시작했을 땐 결코 만만한 일이 아니라는 사실을 깨달았다. 내가 처음 생각한 천체사진은 친구들과 인생 네 컷을 찍는 것처럼 그냥 밤하늘을 찰칵 찍으면 천체들이 찍혀 나오는 것이었는데 당연히 현실은 절대 그렇지 않았다.

밤하늘의 대부분을 차지하고 있는 별들은 작은 점광원이고, 이 점들을 사진으로 담아내려면 빛을 많이, 그리고 오래 담아야 했다. 즉 장노출이라고 해서 셔터를 오래 열어두어 별빛을 최대

북극성을 중심으로 일주운동을 하는 별들의 모습을 페이드인 형식으로 보정한 사진. 2019년 화천 조경철천문대에서.

지구 자전으로 인해 천체들이 하늘을 한 시간에 15도씩 일주하는 모습을 소프트 필터를 통해 강조한 사진. 2018년 가평에서.

한 많이 담아내는 것이 천체사진 촬영에는 필수였다. 문제가 있다면, 하늘의 천체는 모두 지구 자전으로 인해 하늘을 일주하며 한 시간에 15도씩 움직이고 있으며, 카메라 셔터가 열린 동안 천체가 이동해 버리면 사진에는 이 천체가 이동한 궤적이 담길 뿐이라는 것.

'광시야 촬영'이라는, 거대한 화각(카메라로 포착하는 장면의 시야 범위)에 하늘을 담는 촬영을 한다면 천체가 흐르는 데 시간이 꽤 걸리는 덕분에 어찌어찌 찍을 수 있지만, 딥스카이 촬영처럼 넓은 하늘에 담긴 여러 천체가 아니라 천체 하나를 확대하는 경우에는 대상 천체가 순식간에 시야에서 사라져 궤적만 남을 뿐이었다. 당연하게도, 확대를 했기 때문에 움직임이 훨씬 빠른 것이다. 이 때문에 천체의 일주를 추적하는 '적도의'라는 장비가 필요했지만 가격이 매우 비싼 데다 크고 무거워서 차량이 필요한 장비였다. 차량이 없는 당시 학생이던 나에게는 두 가지 선택지밖에 없었다.

방금 이야기한 것처럼, 지구가 자전하기 때문에 별들은 하늘에서 천구의 북극을 중심으로 동심원을 그리며 움직이고 이것이 해와 달 그리고 별을 비롯한 천체들이 뜨고 지는 것처럼 보이는 이유이기도 하다. 이를 일주운동이라고 하는데, 즉 천체들이 하늘을 일주하고 있는 것이다. 지구가 회전함에 따라 하늘이 움직이는 이 일주운동을 쫓아 별을 추적하며 빛을 담을 장비인 적도의가 없었기에 별이 일주운동으로 인해 움직이는 모습이 카메라에 담기기 전에 짧디짧은 노출을 끝내거나 아니면 아예 포기하고 일주운동의 궤적 자체를 촬영해 하나의 사진으로 만드는 일주 사진 촬영을 선택해야만 했다.

별빛을 호스에서 뿜어져 나오는 물이라고 가정하고 카메라 렌즈를 물을 담는 양동이라고 본다면 이해가 쉬울 것이다. 내 주변을 돌며 물을 뿌리는 호스가 있다고 했을 때 똑같이 돌면서 뿜어지는 물을 담는 양동이는 이윽고 물로 가득 찰 것이나 그렇지 않고 가만히 있는 양동이는 처음 잠깐 동안만 물을 담을 수 있을 것이다. 마찬가지로 천체사진의 경우에도 별을 추적하지 못하면 별빛이 많이 담기지 않으므로 별이 얼마 찍히지 않거나 천체의 일주 궤적만 좇을 수밖에 없다.

이 때문에 나는 빛을 얼마 받지 못한 사진이나 궤적을 그리는 기초적인 사진들로 첫 천체사진들을 채워나갔다. 적도의 없이 양질의 사진을 얻어내는 것은 굉장히 어려웠고, 장비도 온전히 갖추지 못했던 시절 우주를 퍼 담는 법을 갓 배워 와 겨우내 찍어낸 서울의 광공해 범벅 밤하늘에 사람들이 관심을 가져줄지는 정말 미지수였다. 그러나 지금 보면 허접하기 짝이 없는 당시 사진도 사람들은 관심을 갖고 바라봐 주었다.

그때는 많은 사람들이 페이스북을 사용했기에, 내가 촬영한 천체사진을 페이스북 지인들에게 소개하는 것이 고작이었다. 그런데 그 얼마 되지 않는 사람들에게 받은 질문은, 그저 미지근한 반응을 예상했던 것과 다르게 정말 각양각색이었다. 사진 속 별들은 무슨 별자리인지, 이 사진의 별은 왜 궤적을 그리고 있는지, 별은 왜 반짝이는지, 사람들은 내가 찍은 천체사진을 보며 저마다의 궁금증을 품었다. 그리고 한 양동이 퍼온 우주의 모습에 관심을 갖는 그런 사람들의 반응이 내가 10년이 넘는 시간이 흐른 지금까지도 카메라와 각종 장비들을 주렁주렁 들쳐

메고 이곳저곳을 떠돌아다니는 이유가 되었다.

계정 활동의 시작은 내가 직접 촬영한 천체사진을 올리는 것이었지만 그것만으로는 충분하지 않았다(개인적인 생각이지만 사진만 올릴 작정이라면 트위터보다는 차라리 인스타그램이 나았다). 관련 지식도 얄팍하고 그저 밤하늘 올려다보며 사진 찍길 좋아하는 내가 천문 정보를 알리는 계정을 운영한다는 것은 끝없는 조사와 자료 수집이 연속되어야 한다는 뜻이기도 했다. 하지만 여러 가지로 부족한 나에게도 한 가지 장점이 있다면 우주를 향한 진심에서 나오는 끈기 아니었을까. 한 편의 천문 정보 글을 쓰기 위해 구글을 검색하고 나사NASA 홈페이지를 뒤지고 신빙성 있는 과학 기사며 영상이며 심지어 공개되어 있는 한에서 논문까지 손을 대지 않은 것이 없었다.

이렇게 종일 조사한 자료를 '천문 TMI'라는 제목하에 게시하기 시작했다('너무 과한 정보Too Much Information'의 줄임말인 TMI는 사실 몰라도 상관없으나 알아둬도 나쁠 것 없는 내 천문 정보 글을 설명하기에 퍽 괜찮은 단어였던 것 같다). 예를 들어, 나의 생일 별자리는 정작 내 생일에는 볼 수 없다. 생일 별자리라는 개념은 해당 기간에 그 별자리가 천구상에서 태양과 겹친다는 것을 의미한다. 내 생일 별자리는 태양과 함께 낮에 뜰 테니 당연히 볼 수 없을 것이다. 간단하게 확인하는 방법이 있다. 만약 내 생일이 여름이라면 내 생일 별자리는 정반대 계절인 겨울 밤하늘에서 볼 수 있다. 이렇게 "자신이 태어난 날의 별자리를 정작 자기 생일날 볼 수 없다"는 사실은 몰라도 아무 상관 없지만, 생일을 맞아 자기 별자리 얘기를 꺼내는 사람들의 낭만을 깨는 지식으로는 제법 쓸모 있을지도(?) 모른다.

밸런타인데이가 초콜릿을 주고받는 날이기도 하지만 보이저 탐사선이 마지막으로 지구를 돌아보기도 한 날이라는 글도 밸런타인데이를 2배로 기념할 수 있기를 바라며 매년 써 올리고 있다. 이때 찍은 사진은 그 유명한 '창백한 푸른 점'으로 널리 알려져 있지만 이 사진이 밸런타인데이에 찍힌 사진이라는 사실은 대부분 모른다. 정말 알면 좋고 몰라도 그만인 지식 아닌가.

이런 잡다한 우주 이야기를 처음 떠들기 시작한 후 몇 달간은 팔로워 수가 스무 명을 채 넘지 않았다. 그럼에도 내 친구가 된 탓에 귀에 딱지가 앉도록 우주 이야기를 들어야만 했던 주변 사람들을 넘어, 얼굴도 모르지만 어딘가에서 우주를 알아가고픈 이들 곁에 우주를 가져다주는 일은 크나큰 즐거움이고 기쁨이었다.

나는 평상시에 절대로 꾸준한 사람이 아니지만 어째선지 사이프 계정에 글을 올리는 일만큼은 중간중간 몸이 아파서 쉬어

보이저 1호가 찍은 '창백한 푸른 점(Pale Blue Dot)', 지구. 사진 출처: NASA.

야 했던 몇 번을 제외하고는 꾸준히 해나가고 있다. 아마 좋아하는 것을 공유하는 즐거움이 가장 컸을 것이다. 내가 올린 천문 현상 트윗 하나에 얼굴도 이름도 모르는 어떤 이가 나와 같은 하늘을 보고 같은 현상을 즐기며 이 신비함을 또다시 나누어 간다는 것. '오늘이 정월대보름'이라는 말에 각지에서 다들 하던 일을 멈추고 함께 달을 바라보던 일, 개기월식이 일어나던 날 사정상 월식을 볼 수 없는 사람들을 위해 실시간으로 사진을 찍어 생중계하자 덕분에 월식을 볼 수 있었다며 수없이 감사 인사를 받은 것까지. 내가 우주를 가져다드린다는 명목으로 해나가고 있는 일들이 바로 그런 것들이라 믿는다.

스무 명 남짓하던 팔로워들은 이제 이 글을 작성하고 있는 지금 10만 명을 넘어서고 있다. 처음 계정을 만들면서 상상한 것보다 훨씬 많은 분들이 지금 내 천문 이야기를 아껴주는 것에 너무나도 벅찬 하루하루를 살아가고 있다. 한없이 모자라고 부족한 내가 단지 나누고 싶어 쓰는 우주 이야기에 감동받고 즐기며 함께해 주신 모든 분들께 항상 감사드린다.

***

이렇게 계정을 운영해 오길 5년쯤 되자 정말 많은 사람들에게 우주 이야기를 전달할 수 있었고, 이는 좋아하는 것을 공유하는 기쁨에서 더 나아가 같은 것을 좋아하는 사람이 많아지기를 바라는 욕심으로 이어졌다.

이른바 '영업을 하는 것'과 '입덕을 시키는 것'은 전혀 다른 문제다. 내게는 이런 동료들이 있다. 관측지에 나가면 똑같이 패딩으로 온몸을 둘둘 싸맨 채 바들바들 떨면서 망원경을 조작하고 카메라 셔터를 누르며 자신이 원하는 밤하늘의 천체를 담기 위해 이리저리 뛰는 사람들. 그러다 문득 나타난 금성보다도 밝은 유성 '화구'의 모습에 모두 하던 일을 멈추고 경탄을 자아내는… 다들 서로 처음 보는 사람들이지만 무언가의 동질감에 취해 따뜻한 음료를 건네고 무엇을 관측하느냐 소소한 이야기를 나누면서 서로의 망원경에 눈을 대보는 이들이 있다.

우리끼리는 '별지기'라고 부르곤 하는데 내 생각이지만 아무래도 별빛 가득한 밤하늘 관측지를 끝까지 지키는 모습에서 '별지킴이'와 같은 느낌으로 탄생한 단어가 아닐까 싶다. 사실 그런 뜻이 아니더라도 난 그렇게 믿고 싶다. 별빛 가득한 밤하늘을 지키는 사람들이라니 꽤나 멋있지 않은가. 이들은 나와 같이 밤하늘에 빠져 우주의 바다를 항해하는 사람들이다. 각자 밤하늘과 사랑에 빠지게 된 계기는 다르겠지만 나는 이만큼이나 우주의 매력에 대해 깊게 통찰하고 있는 사람들을 본 적이 없다.

춥고 기나긴 밤을 망원경 하나에 의지한 채 우주 이야기로 지새우는 이 별지기들의 이야기를 듣노라면 관측지의 어둠 속에서도 한껏 들뜬 표정들이 보이는 듯하다.

나는 천진한 얼굴로 우주의 경이로움과 밤하늘의 아름다움에 대해 밤새도록 떠들 수 있는 이런 사람들이 점점 더 많아졌으면 하는 작은 욕심을 갖고 있다. 이 책을 쓰기로 마음먹은 이유도, 밤하늘과 사랑에 빠지게 된 계기와 우주의 매력에 대해 쓰면 그로 말미암아 별지기의 길에 들어서는 사람들이 많아지지 않을까 하는 마음에서일지 모른다.

이제 10만에 가까운 사람들과 천문 계정을 함께하다 보니 쪽지를 통해 내가 작성한 글 덕분에 천체사진 촬영을 시도하고 촬영에 성공한 천체사진을 보내며 신나게 우주 이야기를 하는 팔로워분들이 제법 많다. 내가 우주 이야기들을 올리기로 결심하지 않았다면 그분들은 아마 지금쯤 머리 위에서 무슨 일이 일어나고 있는지도 모른 채 땅을 보며 걷고 있을지도 모른다. 세상의 나머지 절반을 올려다보지 않은 채 보도블럭 무늬나 스마트폰 화면만 보며 걷는 것 말이다. 보도블럭 무늬나 패턴을 보며 걷는 것 역시 재미있을지도 모르지만 자연이 천상에 그려낸 무늬와 패턴을 좇는 일 역시 그 못지않게 재미있다고 감히 말하고 싶다.

별지기가 된 사람들이 내게 오늘의 밤하늘이라며 사진을 보내고 자랑하는 날이 오니 기쁘고 반가웠다. 이 책 또한 우주를 사랑하는 법을 통해 많은 별지기 동료를 만들어 그들과 함께 밤하늘의 별들을 좇는 데 기여하는 반짝이는 책이 되었으면 좋겠다. 그러니 시간이 된다면 한 번씩 별빛으로 가득한 밤하늘을 올려다보시기 바란다. 우리는 모두 별의 가루로 만들어진 존재들이니까.

04
시공간의 벽을 넘어선 동반자

흔히 천체망원경을 들고 관측을 나갈 때 하는 말은 무엇일까? 절대 다수의 사람들이 이렇게 말하지 않을까? "별 보러 가자"고. 사실 이때 나는 고개를 갸우뚱하곤 한다.

천체망원경으로 무언가를 본다고 하면 보통은 별을 떠올리지만, 막상 망원경을 통해 본 별이 어떤 모습일지 생각해 보는 사람은 많지 않을 것이다. 천체망원경을 통해 본 별 역시 육안으로 보는 것과 같이 그저 하나의 점으로 보일 뿐이다. 아마 주변 사람들에게 망원경을 통해 별 보여주길 좋아하는 사람이라면 아무 별이나 가리키며 저 별도 보여달라는 말에 난감함의 쓴침을 삼킨 경험이 있을 것이다.

물론 성단처럼 확대해서 봐야 진면목이 드러나는 천체나, 본디 여러 개의 별이 같이 있는 것인데 거리가 너무 멀어 하나의 별로 보이는 다중성의 경우는 망원경을 통해 관측하면 여러 개의 별로 분해되어 보이기 때문에 천체망원경으로 보고는 하지만, 단일성계의 별을 개개인이 가진 천체망원경으로 보는 경우는 적어도 내가 겪은 바로는 별로 없다.

그렇다면 왜 천체망원경으로 봤는데도 별은 그저 하나의 점으로 보이는 걸까? 외계의 별 주위를 도는 행성이라도 망원경에 등장해 보는 이의 감탄을 자아내야 하지 않을까 싶지만, 천체망원경을 거쳐 온 별빛 역시 그저 점으로 빛날 뿐이다. 그 이유는, 이야기하기 무색하게도 별이 너무 멀리 떨어져 있기 때문이다. 그리고 이 지점이 조금 난감하다. 막연히 별이 멀리 떨어져 있다고 하기에는 대체 얼마나 먼 곳에 있다는 것인지 감이 잘 오지 않는다. 별까지의 거리를 이야기할 때 몇 광년 떨어졌다고 말하곤 하지만 정작 이 '광년'이라는 단위가 얼마나 큰 개념인지 이해하기도 어렵다.

그러니, 이해를 도울 작고 예쁜 별 하나를 초대해 보도록 하자. 여기, 별까지의 거리를 이야기할 때 항상 불려 나와 기꺼이 비교 대상이 되어주는 고마운 이웃 별이 하나 있다. 태양계에서 가장 가까운 별 프록시마센타우리는 별까지의 어마어마한 거리에 대해 말하고자 하면 빼놓을 수 없는 고마운 존재다. 우주적 관점에서는 흔히 이 별까지의 거리에 대해 옆집에 있는 것 같다고 하는데, 그 '옆집'이 얼마나 가까운지 한번 확인해 보는 게 좋겠다.

우리 태양계의 이웃 별 프록시마센타우리는 약 4.2광년 떨어져 있다. 빛이 지구에서 달까지 가는 데 불과 1초 조금 넘게 걸리는데, 태양계 옆집을 방문하려면 4.2년 넘게 우주를 가로질러 가야 한다는 것이다. 이는 지구에서 달까지 거리의 약 1억 배에 해당한다. 지구에서 달까지 가는 것만으로도 많은 준비를 해야 하는 우리 입장에서 그 1억 배의 거리라면 감히 상상하기 힘들다. 하지만 이렇게 이야기했을 때 비로소 사람들이 별까지의 거리를 실감하느냐면, 글쎄? 대체로 무척 멀어 보이기는 하지만 수치로는 실감이 잘 나지 않는다고 할 것이다. 나 역시 인간의 머리로는 도통 이해하기 어려운 수치로 우주를 이해하려는 데 진절머리가 나곤 했으니 다른 방법을 써보자.

우리가 지금 축구장의 한쪽 끝에 와있다고 상상해 보자. 동네 운동장이 아니라 월드컵으로 한창 뜨거운 축구장으로 상상해 주시길 바란다. 새끼손가락을 펴서 이 손가락 안에 태양부터 해왕성까지 태양계의 모든 행성이 차례대로 담겨있는 상상을 해 보자. 그리고 손가락을 앞으로 뻗어본다. 축구장 반대편 끝 즈음에서 이웃 별을 만날 수 있을까? 그렇지 않다. 우리의 이웃 별은 지금 여러분이 있는 축구장에 대략 축구장 4개를 더 이어 붙인 끝에 있다.

인간이 만든 물체 중에서 지구와 가장 멀리 떨어져 있다는 보이저 1호가 40년이 넘는 장구한 세월 동안 우주를 항해한 끝에 이제 막 새끼손가락 5개만큼을 지난 참이다. 이제 손가락 안에서 막 허우적대기 시작한 우리에게 다른 별까지의 거리란 얼마나 거대한 개념인가. 새끼손가락 안의 망망대해를 아득바득 탐사해 나가고 있는 우리 앞에 놓인 축구장 5개. 이것이 우리와 가장 가까운 별까지의 거리다.

별까지의 거리가 그토록 멀다면 인류는 태양계 안에 안주하여 만족하고 살아가야 하는 것 아닐까? 편하게 안주하는 것도 좋을지 모르지만 나는 우주를 향한 사람들의 눈에서 항상 태양계 바깥의 천체들을 마주하곤 했다. 물론 태양계 천체들 역시 충분히 매력적이지만, 올려다본 하늘에는 그 너머의 세상들이 수없이 펼쳐져 있다. 나처럼 상상의 돛을 펴고 태양계 바깥 이곳저곳을 떠도는 사람들부터 직접 그곳에 가보려는 사람들까지, 불과 4.2광년 떨어진 별에도 아직 닿지 못했지만 그들이 꿈꾸는 우주의 영역은 이미 4.2광년 너머에 무수하게 펼쳐진 다른 세상을 향하고 있었다. 우리은하의 크기가 10만 광년에 달하고 은하 안에만 수천억 개의 또 다른 태양들이 있으며 그 너머에도 무수히 많은 은하들이 있다는 사실을 알아버린 이상 인간이라는 생물은 절대 태양계 안에 안주할 수 없을 것이다.

태양은 이 넓디넓은 우주에서 하나의 별에 불과하다. 다른 모든 별들, 길을 가다가 무심코 올려다본 하늘에 있던 별이나 인터넷에서 우연히 접한 은하 사진 속 별, 어떤 별이건 간에 모두가 각자 그들의 세계를 거느린 태양이다. 여행할 곳이 이렇게 차고 넘칠 만큼 많다는 건 얼마나 큰 기쁨인가.

어머니 별이 쌍성계를 이루고 있는 행성에서는 2개의 태양이 뜰 것이다. 옛 조상들이 '하나의 하늘에 어찌 2개의 태양이 있을 수 있냐'며 왕후장상의 씨를 논할 때 속으로 '꼭 그렇지는 않은데요' 하고 작은 트집을 잡아보는 것도 그 말이 태양계에서만 통하는 법칙이기 때문이다. 수십만 개에서 수백만 개에 이르는 항성들이 공 모양으로 모여있는 구상성단의 중심에 있는 행성에서는 하늘 전체가 별로 가득 빛날 것이다.

아니면 거대한 고리가 있어서, 행성 표면에서 보면 하늘을 가로지르는 멋진 고리를 감상할 수도 있다. 어쩌면 어딘가에는 정말로 '우주에 생명은 우리뿐일까?' 하고 우리와 같은 생각을 하는 이들이 하늘을 올려다보며 '저곳에도 생명체가 있지 않을까?' 고민하고 있을 수도 있다. 그들과 우리는 분명 만나본 적도 없고 어쩌면 다른 시간대에 살고 있을 수도 있지만 나 역시 하늘을 올려다보며 같은 생각을 품고는 한다.

한번은 유튜브에서 허블 우주 망원경이 촬영했다는 안드로메다은하의 모습을 본 적이 있다. 이 영상에서는 고화질로 촬영한 외계 은하의 세세한 면면을 볼 수 있었는데, 화면 가득 들어찬 점들이 노이즈가 아니라 전부 별이라는 사실에 경악을 금치 못했다. 은하 하나에 태양이 저렇게나 많은데 어떻게 생명이 우주에 우리뿐일 수 있을까.

그런데 이런 은하 역시 우주에는 무수히 많다. 인간이 하늘에서 바늘구멍보다 작은 면적을 촬영해 얻어낸 사진인 '허블 울트라 딥 필드'에는 무려 1만 개의 은하가 들어있었다. 이 은하들은 각각 수십억에서 수천억 개의 별로 이루어져 있으며 이 별들마다 태양계처럼 각자의 세상을 갖고 있을 것이다. 그러니 구상성단의 중심에서 2개의 태양이 거대한 고리 너머로 밝아오는 아침노을을 보며 우주에 생명은 정말 우리뿐인가 고민하는 생명체가 있다고 상상해 보는 것도 꽤 가능성 있는 상상 아닐까?

어느 날부터인가 어떤 천체를 보게 되면 항상 궁금해하던 것이 있다. 바로 지구에서 그 천체까지의 거리다. 내가 관측하고 있는 별까지의 거리가 얼마나 되는지 확인해 본 뒤에는 같이 관

안드로메다은하. 사진 출처: NASA.

측하던 동료 별지기에게 넌지시 한마디 건네게 된다. "이건 임진왜란 때 출발한 별빛이겠네요." 이는 내가 우주를 항해하며 시간의 벽을 넘나드는 방법의 하나다. 우주가 광속이 무색할 만큼 넓디넓은 탓에, 우주를 항해하려는 항해자들은 공간뿐만 아니라 시간의 벽도 넘어야만 한다.

안드로메다은하를 촬영한 영상 속에는 수천억 개의 별이 화면을 가득 채우고 있는데 이 별빛은 약 250만 년을 날아온 것이다. 안드로메다은하가 우리은하와 약 250만 광년의 거리를 두고 있기 때문이다. 빛 또한 무한히 빠른 게 아니기 때문에 이 넓은 우주를 가로질러 우리에게 오기까지 시간이 필요하다. 그렇다는 것은 우리가 지금 보고 있는 안드로메다은하의 모습은 250만 년 전의 모습이라는 뜻이 된다.

인류가 문명을 이룬 것이 몇만 년이나 되었던가? 만약 안드로메다은하의 빛 속에 어떤 외계생명체들의 빛이 섞여있다고 한들 그들이 아직까지도 살아있을지는 의문이다. 살아있다고 해도 지금 어떤 모습일지는 상상하기 어렵다. 입장을 바꿔서 생각해 보는 것도 좋겠다. 물론 엄청난 거리 탓에 가능할지는 모르겠지만, 반대로 안드로메다은하의 생명체들이 우리 지구의 빛을 보았다고 가정한다면 그들이 본 것은 현재 지구를 가득 메우고 있는 빌딩 숲과 스마트폰을 보며 걷는 지구인이 아니라 아프리카 초원을 거닐고 있는 오스트랄로피테쿠스일 것이다. 인류가 아직 유인원으로 지구에 존재하던 시절 출발한 빛이 이제야 안드로메다은하에 닿았다.

우리가 존재하는 시절 동안 일어났던 일들, 문명을 이루고 수많은 나라가 세워졌다가 멸망하고 유럽인들이 아메리카 대륙을 발견하고 문명 전체가 휘말린 전쟁의 상흔을 딛고 스스로 자기 행성의 창공을 벗어나 별로 향하는 발걸음을 시작하기까지의 그 여정들을 담은 빛은 모니터 속 외계의 은하에 닿기는커녕 아직 우리은하도 벗어나지 못한 상태다. 외계의 어떤 존재와 같은 생각을 품었다는 동질감을 느끼려고 해도 그들은 나와 다른 시간대에서 살아갔거나 앞으로 살아갈 확률이 더 크다. 이 어마어마한 시간의 바다 속에서 우연히 지금 같은 시간을 살아간다면 서로의 빛이 닿을 때 즈음에는 이미 지구의 나나 외계의 그들이나 존재하지 않을 확률이 높다.

조금 막막하고 어려운 이야기일지도 모르지만 분명 우리는 이 시간의 벽도 뛰어넘을 수 있으리라 믿는다. 불과 백여 년 전의 인간들은 우리은하가 우주의 전부인 줄 알고 살아왔지만, 안드로메다은하가 실은 우리은하 바깥의 또 다른 은하임을 처음으로 알아낸 것을 시작으로, 우리가 우주라고 생각했던 것이 사실 무수하게 많은 은하들 중 단 하나의 은하였음을 알아냈다.

그렇다면 100년 전 사람들이 알던 우주와 지금 우리가 알고 있는 우주는 수천억 배 차이가 난다고 해도 과장이 아닐 것이다.

처음 우리가 우주로 알던 세상이 수많은 은하들 중 하나에 불과하다는 사실을 깨우친 지 100년이 지난 지금, 우리가 알고 있고 또 예상하고 있는 은하의 수는 몇 개일까. 반대로 100년 뒤의 사람들이 어디까지 나아가고 얼마나 더 많은 것을 알게 될지는 모를 일이다. 인간이 아는 우주가 실은 단일 은하였다는 사실을 깨우친 그 시절 사람들이 지금의 우주를 상상조차 하지 못했던 것처럼.

아직은 공상과학의 영역이겠지만 만약 빛보다 빠르게 우주 너머로 갈 수 있게 되면 어떨까? 정말 거대한 망원경을 공간의 제약 없이 자유자재로 다룰 수 있게 된 우리가 250만 광년 너머 안드로메다은하에 도착해 지구를 바라본다면? 굳이 타임머신을 개발하지 않아도 과거 유인원이던 시절의 우리 모습을 볼 수 있을지도 모른다. 이 상상의 망원경을 자유자재로 다룰 수 있게 된다면 보고 싶고 궁금했던 과거도 볼 수 있는 것 아닌가. 과거를 볼 수 있다니 상상의 영역이지만 그래서 더 즐겁고 신기한 경험이 아닌가 생각해 본다.

어쩌면 망원경을 신나게 들여다보고 있는 그곳에서 누군가를 만나게 되지는 않을지, 만나게 된다면 지금 보고 있는 것을 장

황하게 설명하고 있는 미래의 누군가의 모습을 상상해 본다. 그 사람은 결국 이렇게 이야기할 것이다. 우리는 250만 년 전 저랬노라고, 이제 당신들의 250만 년 전을 보여주겠다고.

05
은하의 단면 속에서

나는 천문대에 가면 망원경이나 카메라는 잠시 치워두고 고개를 들어 넋 놓고 그저 밤하늘을 바라보는 것을 좋아한다. 여태 방대한 우주 공간과 시간의 벽에 대해 거창하게 이야기했지만 이것은 내가 우주를 사랑하는 방식의 하나일 뿐이다. 만약 우주의 바다에 나아가 볼 의지가 있다면 먼저 친구들과 함께 천문대에 가보기를 추천한다.

가늠조차 하기 어려운 우주의 크기와 시간 속에서 가장 직관적으로 우주를 바라볼 수 있는 방법은 정말 그저 밤하늘을 바라보는 것이라고 생각한다. 아무 생각 없이 그저 별을 올려다보면 되는 아주 간단한 일이다. 우주의 방대함을 상상해 보는 것도 좋지만 역시나 밤하늘이 너무나도 아름답다는 사실은 부정할 수 없다. 사실 많은 사람들이 제대로 된 밤하늘을 본 적이 없다는 건 매우 안타까운 일이다. 대부분의 사람이 살아가고 있는 도시의 하늘은 이미 별빛을 잃은 지 오래다. 도심지의 광공해가 하늘의 별빛들을 가로막고 있기 때문이다. 우리나라는 이미 몇몇 산간지역을 제외하고는 맨눈으로 은하수를 볼 수 있는 곳이 남아있지 않은 상황이다. 우리나라는 현재 G20 국가 중에서 이탈리아에 이어서 광공해가 심한 국가 2위로 꼽히고 있다. 광공해 사각지대란 찾아볼 수 없는 지경인 것이다.

우리나라뿐만이 아니다. 오늘날 미국인들의 80퍼센트가, 전 세계인의 3분의 1이 은하수를 본 적이 없다고 한다. 이 은하수란 무엇인가? 우리은하 속에서 살아가고 있는 우리에게 보이는 은하의 단면이다. 무려 수천억 별들로 이루어진 은하의 단면 속에서 살고 있는 우리 지구인 세 명 가운데 한 명은 은하의 단면을 본 적 없는 환경에서 살아가고 있는 것이다.

얼마나 사람들이 광공해 아래에서 살아왔는지, 1990년대 미국의 남부 캘리포니아에서 대규모 정전이 발생했을 때 로스엔젤레스에 살던 사람들이 911에 전화를 걸어 머리 위에 정체를 알 수 없는 구름이 떠다니고 있다고 신고를 했다고 한다. 그때 사람들이 무엇을 생각하고 신고를 했는지는 모르겠지만 그건

여름의 대삼각형을 이루는 베가, 알타이르, 데네브(사진 속 가장 밝고 큰 세 별)와 배경의 은하수.
2019년 화천 조경철천문대에서.

정체 모를 구름이 아니라 은하수였다. 그들은 태어나서 처음으로 은하수를 목격한 것이다.

현대를 살아가는 사람들 세 명 중 한 명이 우리 조상들은 매일같이 봐왔을 우리은하의 단면을 본 적 없다는 사실은 꽤 놀랍다. 물론 사진으로 은하수가 어떻게 생겼는지 본 사람은 많겠지만 나는 이른바 '사진빨'을 가장 못 받는 것 중 하나가 은하수라고 말하고 싶다. 물론 사진으로 보는 은하수도 아름답지만 적어도 한 번쯤은 은하수를 직접 보기를 추천하고 싶다.

천체사진을 찍는 입장에서 말하기 민망한 내용이지만 사진에는 은하수를 전부 담지 못한다. 화각을 매우 넓혀 왜곡된 이미지를 만들어야만 은하수의 모습을 전부 담을 수 있다. 그런 이미지가 모니터나 스마트폰 스크린에 들어간다 한들 그 규모를 표현하기엔 역부족일 것이다. 하늘을 가득 채우는 크기의 피사체를 모니터에 담아서 보기엔 너무 아깝지 않을까.

그만큼 은하수는 직접 보면 매우 거대하고 아름답다. 수천억 개의 태양과 같은 별들이 모여있는 우리은하라는 거대한 천체의 단면을 보는 것이니 당연히 그렇지 않을까. 깨끗한 하늘 아래 쏟아질 듯한 별빛 사이로 거대한 은하수가 하늘을 통째로 관통하는 모습을 본다면 우주의 방대함과 신비함이 아니더라도 그 자체의 아름다움에 매료될 것이다.

나는 이미 많은 사람들이 처음 은하수를 마주하고 천체 관측의 매력에 빠져 별지기가 되는 모습들을 봐왔다. 물론 한국에 사는 사람들에게 직접 은하수를 관측하라고 무작정 권유하는 건 조금 양심의 가책이 느껴지는 일이긴 하다. 이제 우리나라에는 은하수를 볼 수 있는 곳이 얼마 남지 않은 탓에 부지런히 발품을 팔아 찾아다녀야 하기 때문이다. 그러니 만약 은하수를 찾아다닐 여유가 되지 않는다면 도심지 외곽으로 나가보는 것도 괜찮다.

은하수를 볼 수 없더라도, 광공해의 늪에서 조금만 벗어나면 눈에 보이는 별의 수가 어마어마하게 늘어나기 시작한다. 서울에서 기껏해야 대여섯 개 보이던 별이 갑자기 수십 개 이상으로 늘어난다면 황홀경에 빠질 수밖에 없다. 플레이아데스성단 같은 경우는 맨눈으로도 볼 수 있을 정도니, 인터넷 사진으로가 아닌 맨눈으로 성단을 직접 보게 될 수도 있다.

인간이 볼 수 있는 가장 거대한 자연경관을 그저 교외로 나가 하늘로 고개를 들어 올리는 것만으로도 볼 수 있다는 것은 어찌 보면 굉장히 축복받은 일이다. 앞서도 말했듯이 우리가 보는 세상의 절반이 땅이라면 나머지 절반은 하늘이다. 지상의 불빛이 별빛을 가로막기 이전, 우리 조상들은 세상의 절반을 가로지르는 은하의 단면을 보며 무슨 생각을 했을까? 모르긴 몰라도 분명 지금의 우리보다는 더 자주 하늘을 올려다봤을 것이다.

현대를 살아가는 우리 역시 가끔은 그랬으면 좋겠다. 땅에서 살아갈지언정 하늘을 올려다보는 사람들이 많아졌으면 하는 작은 바람이 있다. 이렇게 고개를 들어 별을 보는 사람들이 많아진다면, 그래서 앞으로 더 많은 사람들이 밤하늘에 섬처럼 흩뿌려진 빛나는 점들을 사랑하게 된다면, 이 자체가 우리가 별을 향한 발걸음을 내딛는 일을 앞당겨 주지 않을까.

06
우주 선발대

어렸을 적 처음 천체망원경을 갖게 되고 나서 가장 먼저 눈을 돌린 천체들이 있다. 지구와 비교적 가깝기 때문에 밤하늘에서 매우 밝게 빛나며 그 위치를 빠르게 바꿔가는 천체들. 바로 지구의 태양계 형제들인 태양계 행성들과 소속 천체들이 그 주인공이다.

인간의 짧은 삶에서 거의 불변의 영역에 놓여있는 외우주의 천체들과 달리 태양계 천체들은 밤하늘에서 쉼 없이 움직이며 그들만의 멋진 모습을 뽐낸다. 이는 과거 우리 조상들이 살던 때에도 별반 다르지 않아 태양계 천체들은 수많은 옛 기록에서도 찾아볼 수 있다. 아주 기나긴 세월을 한자리에 붙박여 있는 항성과 달리 태양계 천체들은 하늘을 바삐 움직여 다녔을 테니까. 과연 우리 조상들은 하늘을 가로지르는 자그마한 빛에 대해 어떤 상상들을 하며 살았을까?

하늘을 올려다보고 황홀경에 빠지게 만드는 다양한 천문 현상도 사람들을 매료시키는 힘이 있지만, 지구에 발을 딛고 하늘을 올려다보는 것만으로 우주를 항해하는 기분을 만끽하기에는 마음 한구석에서 허전함이 느껴지고는 한다. 미지의 지구를 탐험하기엔 너무 늦게 태어났지만 우주를 탐험하기엔 또 너무 일찍 태어나 버린 그런 애매한 세대가 우리라는 말을 어디선가 들은 적이 있다. 간혹 이런 말을 들을 때면 씁쓸히 고개를 끄덕이고는 한다. 지구를 탐험하고 새로운 장소를 발견한 과거의 이들도 느꼈고, 우주로 날아올라 새로운 세계를 발견할 미래의 이들도 느껴볼 뜨거운 감정을 지금의 우리는 맛보지 못하는 걸까?

가장 가까운 지구의 단짝 달부터 시작해서 이웃 행성들인 금성과 화성 그리고 거대 가스 행성인 목성과 토성까지, 이들은 모두 지구에서 가깝기 때문에 작은 천체망원경으로도 충분히 모습을 확인할 수 있는 천체들이다. 그저 점으로 보일 뿐인 별들과 달리 지구의 형제 행성들은 그 모습을 확연히 볼 수 있어 오히려 신비로움을 자아내기에 안성맞춤이었다. 우주 탐사선들이 직접 나가서 사진을 찍어 온 몇 안 되는 천체들이기도 했기

목성이 가장 밝게 빛난 날. 2022년 서울에서.

에 나는 인터넷에서 찾아본 그 행성들의 모습을 망원경에 맺힌 상으로 고스란히 다시 만날 수 있었다. 인간 입장에서는 아득히 떨어진 존재의 모습을 이렇게 직관적으로 볼 수 있다니 내게는 손에 들린 작은 망원경 하나가 세상을 보여주는 창이 되었다.

상상은 자연에 비할 수 없다고 하는데 그럼에도 이런 상상력이 없다면 상상보다 훨씬 경이로운 자연을 실제로 마주쳤을 때의 감동을 온전히 느끼지 못할 것 같다. 새로운 땅을 찾아 돛을 올리고 바다로 나아간 사람들도 이 벅참을 위해 내달렸을 것이고, 미래에 우주를 향한 꿈에 불을 붙이는 이들도 상상력에서 얻은 미지의 세계에 대한 탐구심을 연료로 사용하리라. 그래서 나는 밤하늘을 올려다보는 것에 그치지 않고 수많은 세계로의 여행을 상상해 보고는 한다. 내가 항상 바라보는 그곳은 어떤 모습일지 상상의 우주 돛단배를 타고 항해하는 것은 분명 즐거운 여행이 될 것이다. 멀리 떠나지 말고 일단은 가까운 곳부터 천천히 둘러보도록 하자.

태양계 행성들의 다양한 모습은 지구 외의 장소들 역시 하나의 역동적인 세상임을 보여준다. 지구의 가장 이웃한 내행성인 금성은 위치에 따라 지구에서 본 초승달이나 반달처럼 꽤 다양한 모습을 보여주었고, 화성은 북극과 남극에 거대한 드라이아이스로 이루어진 극관과 지형의 모습을 육안으로도 확인할 수 있다. 화성 극관의 크기는 계절에 따라 커졌다가 작아지곤 하는데 당시 내 망원경으로는 그것까지는 보이지 않아 아쉬워했던 기억이 난다.

목성은 작은 천체망원경으로도 표면의 줄무늬를 관측할 수 있었고, 무엇보다 목성의 4대 위성인 갈릴레이 위성들(이오, 유로파, 가니메데, 칼리스토)의 모습까지 볼 수 있었다. 때마다 목성 주위를 공전하며 위치를 바꾸는 위성들의 모습은 흥미롭기 그지없을 뿐만 아니라, 금성의 위상 변화와 더불어 몇 세기 전 천동설을 반박하는 주요 근거로 사용되기도 했다. 지구가 우주의 중심이고 모든 천체가 지구를 중심으로 공전한다면 목성 주위를 돌고 있는 저 천체들은 대체 뭐란 말인가? 금성 또한 지구를 중심으로 돌고 있다면, 금성이 태양 반대편에 위치해야만 볼 수 있는 보름달 모양의 위상이 어떻게 나올 수 있을까? 직접 우주로 나갈 수 없던 시절 이러한 관측 결과만을 토대로 세상의 중심이 지구가 아니라는 사실을 깨달은 사람들의 비상함이 정말 놀랍기만 하다.

토성 역시 지금의 천체망원경으로 고리의 모습을 선명하게 관측할 수 있다. 토성의 고리는 적도면과 평행하지만 그 적도면이 공전궤도면에 비해 26.7도쯤 기울어져 있기 때문에 지구에 있는 우리에게 보이는 고리의 모습이 조금씩 달라지는데, 토성을 관측하는 사람들은 긴 시간에 걸쳐 이 변화를 감상하기를 매우 좋아한다. 이해하기 어렵다면, 지구와 토성의 상대 위치에 따라 보이는 고리의 각도가 다르다고 생각하면 편할지도 모르겠다.

이렇듯 태양계 내의 세계는 비교적 가까운 덕분에 태양계 바깥 세상에 비해 알려진 것도 많고 우리 인간이 직접 확인한 모습도 많다. 이제 인류는 태양계 세계들로 향하는 탐험을 준비하는 단계에 있다. 만약 태양계 천체들을 항해하게 된다면 우리가 망원경으로는 볼 수 없었던 이 세계의 또 다른 모습들을 마주하게 될지도 모른다.

가령 1960년대 초반까지만 해도 우리의 자매 행성인 금성의 모습은 상상의 영역에 있었다. 미국의 어느 천문학자들은 금성의 날씨가 아마 플로리다의 해변 같을 거라 상상했다고 한다. 당시는 화성인만큼은 아니지만 금성인에 대한 관심도 어느 정도 있던 시절이었다. 얼마나 매력적인 상상이었을까. 어느 날 우리 지구인이 금성을 방문하자 플로리다를 닮은 멋진 해변이 펼쳐지면서 살가운 얼굴을 한 금성인이 다가와 그곳에서 봐왔던 지구의 모습을 이야기하고 환영해 주는 훈훈한 모습을 누군가는 즐겁게 꿈꾸고 상상했을 것이다.

그런데 얼마 지나지 않아, 금성으로 향했던 몇몇 탐사선이 그곳의 충격적인 실태에 대해 전해오기 시작했다. 아름다울 것만 같았던 이웃 행성에 플로리다를 닮은 아름다운 해변은 없었다. 금성은 납이 녹을 정도로 뜨겁고 지구의 90배가 넘는 대기압을 가진 세계였다. 살갑게 다가와 환영 인사를 건네는 금성인은 그 어디에도 보이지 않았고, 금성에 대해 즐거운 상상을 하던 사람들의 환상은 그야말로 산산이 부서졌다.

그러나 나는 이 사람들의 상상이 결코 헛되지 않았다고 생각한다. 비록 상상과는 완전히 동떨어진 곳이었고 탐사의 실행에는 많은 과학적 이유들이 붙어있었겠으나, 적어도 지금 볼 땐 얼핏 허무맹랑한 이들의 상상이 사실로 증명되건 아니면 산산이 부서지건 그 진위 여부를 확인하기 위해 기어코 수천만 킬로미터 너머 지구 밖 행성으로 탐사선을 보내고야 마는 끈기와 의지가 너무나도 대단하게 느껴진다.

미지의 세계에 대한 인간의 탐구심은 결국 머나먼 거리를 넘어 끝끝내 두 눈으로 그 실체를 확인해 내고야 말 정도로 엄청나다. 이는 다른 천체들에 대해서도 마찬가지일 것이다. 지금도 수많은 상상의 나래가 뻗어나간 태양계 곳곳으로 많은 탐사선들이 날아가 그곳의 모습을 촬영하고 분석해 오고 있다. 탐사선들이 기어코 보내온 다른 세상의 모습에 우리가 감탄해 마지않는 건 사람들이 상상력이라는 순풍을 받은 돛단배들을 우주 선발대로 보낸 전적이 있기 때문 아닐까.

지구도 우주도 탐험하기에 애매한 세대라고는 하지만 안방에 앉아 모니터를 켜면 태양계의 행성들은 물론이거니와 별과 별을 넘어 성간 공간에 존재하는 우주적 존재들의 모습까지 확인할 수 있는 시대가 되었다. 신대륙에 발을 내딛은 이들이 그랬고 금성에 탐사선을 기어이 보낸 이들이 그랬듯이 언젠가 성간 우주를 넘어 다른 별로의 여정을 당차게 시작하는 사람들이 있으리라고 믿는다.

태양계 바깥에 있는 세계들을 나와 같은 수많은 사람들이 각자의 방식대로 상상하고 있다. 그것을 확인하고야 말겠다는 의지를 갖게 하는 것 자체로 상상은 우리에게 크나큰 힘을 준다. 천문학은 정말로 영혼으로 하여금 위를 쳐다보도록 하고 우리를 이 세계로부터 다른 곳으로 이끌 것이다. 상상으로 시작한 여정에서 언젠가 직접 항해를 떠나게 되는 날까지도.

07
지구 바깥 세상의 모습

인류뿐만 아니라 머나먼 옛날 지구를 거닐었던 수없이 많은 생명들이 항상 접해왔던 우리의 이웃 천체가 있다. 바로 우리 모두에게 친숙한 지구의 위성 달이다.

지구의 오랜 동반자인 달은 여러 가설들이 있지만 보통 44억 년 전에 지구와 다른 천체가 충돌하고 흩뿌려진 파편들이 뭉쳐 만들어진 것으로 여겨지고 있다. 이 시절 과도기의 태양계 천체들은 꽤나 잦은 충돌에 시달리며 형성되고 있었으니 달은 어찌 보면 그 시절을 떠올리게 하는 지구의 기념품이라고 해도 괜찮지 않을까. 그렇게 만들어진 우리의 이웃 천체 달은 인간이 육안으로도 그 표면을 볼 수 있을 만큼 가깝고도, 지구와의 사이에 태양계 모든 행성이 들어갈 수 있을 정도로 먼 거리에서 항상 지구의 곁을 지키고 있다.

달은 매년 약 4센티미터씩 지구로부터 멀어지고 있기 때문에, 과거로 가면 갈수록 달은 지금보다 더 가깝고 거대하게 보였을 것이다. 만약 공룡들이 문명을 일구어 달로 여행할 수 있었다면 우리 인간들보다 조금 더 수월하게 달나라 여행을 떠날 수 있지 않았을까? 그때보다 달이 조금 더 멀어진 탓에, 농담으로나마 공룡들보다 조금 더 힘겹게 가야 하는 것이 억울하긴 하지만, 만약 지구 밖 다른 천체를 여행하는 꿈을 꾼다면 여전히 가장 먼저 닿을 가능성이 높은 곳은 단연코 달일 것이다.

지금의 기술력으로도 달은 일주일이면 방문할 수 있는 천체다. 달을 그저 바라볼 수밖에 없었던 조상들이 이 사실을 알게 된다면 기겁할 일이 아닌가 싶다. 지금의 우리가 머나먼 외계의 어떤 장소에 대해 생각하고 상상하는 것처럼 조상님들도 달이 어떤 곳이고 그곳에 가면 어떤 일이 일어날지 즐거운 상상을 했을 것이다. 1969년 아폴로 11호가 달 착륙에 성공했을 때 전 인류가 흥분의 도가니에 빠진 것은 바로 이러한 이유가 아니었을까.

지구 외 천체가 어떤 모습이고 어떤 환경일지 확인하게 된 것은 달이 처음이었다. 지구 바깥 천체에 대한 상상은 한계가 없어서, 육안으로 그 표면이 보일 정도인데도 달에 토끼가 살지도 모른다고 진심으로 믿은 사람들이 있지 않았던가. 시간과 공간을 넘어 모든 세대의 인류가 끊임없이 상상해 왔을 지구 밖 세상의 모습을 직접 확인한 순간은 수십 년이 흐른 지금까지도 종종 회자되고는 한다. 그렇게 지구 외 세상에 도달하여 매일 달을 올려다보던 과거와는 반대로 뒤돌아 바라본 어머니 행성의 모습은 과연 얼마나 아름다웠을까?

달의 하늘에서 본 지구는 지구에서 본 달보다 약 4배나 큰 푸른 진주와 같은 모습일 것이다. 만지구(보름지구)의 밝기는 보름달 밝기의 약 43배에 달한다. 달은 지구의 조석력에 의해 지구에게 항상 한쪽 면만을 보이는데 이 때문에 앞면만을 보여주는 달과 달리 지구는 시시각각 자전하며 달에게 매번 다른 모습을 보여줄 것이다.

이뿐만 아니라 흘러가는 구름이나 빙원(氷原) 등이 매번 달라짐에 따라 태양빛을 반사하는 정도와 면적도 시시각각 다르므로 달에서 보는 지구는 세세하게 밝기가 변하는 역동적인 모습이리라. 가까운 미래에 달에서 사람이 살게 된다면 이러한 지구의 모습이 달에 사는 인간은 물론 지구의 인간들에게까지 생중계될지도 모른다. 마치 지금 국제우주정거장에서 내려다본 지구의 모습을 언제든지 생중계로 볼 수 있는 것처럼, 달에서 본 지구의 실시간 모습을 유튜브로 보게 되는 날도 금방 올 것이다.

이제 인류는 다시금 달에 발을 내딛으려 하고 있다. 달에 인간이 또 한 번 발을 내딛는 것은 먼 미래의 일이 아니다. 현재 진행되고 있는 유인 달 탐사 계획인 아르테미스 계획은 2026년 달에 착륙하는 것을 목표로 하고 있다. 이미 아르테미스 1호 우주선은 달까지 이동해 달의 궤도를 돌며 달과 그곳에서 본 지구의 모습을 라이브로 방송했다.

아르테미스 2호가 사람을 태운 채 달 궤도를 성공적으로 돌고 오면 다음 주자인 아르테미스 3호가 드디어 다시 한번 달에 사람을 착륙시킬 것이다. 이변 없이 계획대로 진행된다면 달 표면에 도착한 인간의 모습을 생중계하기까지 불과 2년밖에 남지 않은 셈이다. 약 50년 전 지구 외 천체에 처음으로 사람이 발을 내딛는 순간 아폴로 세대가 느꼈던 감동을 지금 우리 세대도 느낄 수 있게 될까?

온 인류가 달에서의 라이브 중계를 보면서 황홀경에 빠지기까지 불과 2년밖에 남지 않았다니 아직도 실감이 나지 않는다. 그곳에서 바라본 지구의 모습은 얼마나 놀랍고 아름다울까. 시시각각 흐르는 구름과 자전에 따라 변하는 모습 그리고 우리 인간들이 살고 있는 대륙까지 이 모든 것을, 아르테미스 세대의 인간들은 흑백텔레비전이 아닌 컴퓨터나 스마트폰을 통해서 보게 될 것이다. 달의 표면이나 달에서 활동하는 우주인들의 모습도 아폴로 때와는 비교도 안 되는 화질로 보게 될 테니 기대가 크다.

***

옛날과 달리 지금은 주위의 행성들이 지구처럼 태양의 둘레를 돌며 각자의 세상을 가진 흥미로운 천체들이라는 사실을 알고 있다. 이 사실을 모르던 옛날만큼 다채로운 상상을 할 수는 없겠지만 오히려 더 구체적인 모험을 떠나볼 수는 있지 않을까. 예를 들어 만약 우리가 수성의 표면에 서있다면 어떨까.

수성은 태양에 가장 가까운 데다 열을 가두는 역할을 해줄 대기가 매우 희박하여 기온의 차이가 매우 크다. 즉 태양을 바라보는 면은 매우 뜨겁고 반대쪽은 매우 차갑다는 것이다. 수성에서 태양이 머리 꼭대기 위에 있을 때의 온도는 무려 섭씨 426도에 육박하지만 반대로 태양빛을 받지 못하는 밤의 평균온도는 영하 160도에 달할 정도로 그 차이가 심하다. 낮 동안 태양으로부터 받은 열을 가두어 줄 대기가 없어 에너지가 빠르게 손실되기 때문이다. 만약 수성의 표면을 여행하게 된다면 대기가 없어 새카만 하늘에, 지구에서 보는 것의 3배나 커다랗게 보이는 압도적인 태양의 빛에 도무지 버틸 수 없을 것이다.

그렇다면 반대로 대기가 너무 두꺼운 행성은 어떨까? 멀리 갈 것도 없이 바로 이웃 행성인 금성이 그러하다. 금성은 지구 압력의 90배에 달하는 고압의 대기를 가지고 있다. 대기가 얼마나 두꺼운지 금성의 짙은 구름에 가려져 태양은 희미하게 빛나는 빛 조각으로밖에 보이지 않을 것이다. 금성 대기의 대부분을 차지하고 있는 이산화탄소는 우리 지구에서도 갑론을박이 끊이지 않는 온실효과를 일으켜 금성을 표면 온도가 460도에 달하는 불지옥의 행성으로 만들었다. 또한 금성에는 황산으로 이루어진 비가 내리는데, 금성의 황산 구름에서 쏟아져 내리는 황산비가 아이러니하게도 이 뜨거운 온도 탓에 지표면에 한 방울도 닿지 못하고 그대로 증발해 버릴 정도다.

수성이 태양계에서 가장 뜨거울 것이라고 생각하는 사람들이 많다. 어찌 보면 당연한 것이, 태양에 가장 가깝기 때문이다. 하지만 끔찍한 온실효과의 폭주로 인해 실제로 태양계에서 가장 뜨거운 행성은 금성이 되었다. 상상의 나래를 펼쳐보기엔 분명 흥미로운 행성들이지만 결코 오래 머물고 싶은 곳은 아니다.

이렇게 지옥 같은 두 내행성을 지나치고 나니 곧 마주하게 되는 푸른 행성이 반갑고 아름답기 그지없다. 우리의 입장에서 상상하기도 어려운 지옥을 품고 있는 바깥세상들에 비해 지구는 더할 나위 없이 푸르고 따스하며 안락하다. 이 드넓은 우주에서 수많은 세계를 탐구해 보았으나 아직까지 생명이 확인된 천체는 우리의 요람 지구가 유일하다. 부디 우리 인간이 저 바깥 우주의 지옥 같은 환경들을 보며 지구의 소중함을 절실히 깨닫고 환경문제에 많은 관심을 가져주길 희망한다.

지구를 지나쳐 화성으로 향해보자. 지구와의 뚜렷한 색 대비로 붉은 행성이라는 다른 이름을 가진 화성은 태양계에서 그나마 지구와 가장 비슷한 환경을 가진 행성이다. 먼저 화성의 하루는 24시간 37분으로, 놀랍게도 지구의 하루와 비슷하다. 때문에 우리가 화성에 가게 된다면 적어도 시차적응은 크게 필요하지 않을 듯하다. 만약 화성에서 하루를 보낸다면, 저녁을 맞이해 화성의 푸른 노을을 바라보고 있을 때쯤 일과를 끝마치는 것은 지구와 별반 다를 바 없지 않을까?

기온 또한 평균온도 영하 63도로 여전히 무시무시하지만, 우리가 앞서 만난 두 행성이나 목성형 가스 행성들에 비하면 아주 친절할 정도이다. 발 딛을 표면이 애초에 없는 가스 행성들이나 극단적인 온도와 기압을 가진 수성, 금성에 비해 그나마 사람이 우주복을 입고 생활할 수 있을 정도의 환경인 것이다. 표면의 모습마저 지구와 비슷해 화성의 사진을 처음 받아 본 미국의 천문학자 칼 세이건은 금방이라도 사람이 걸어 나올 것 같은 모습이라고 표현하기까지 했다. 많은 사람들이 화성에 기대를 거는 이유도 우주적 관점에서 그나마 인간에게 호의적인 환경을 가진 화성의 이런 특성 때문일 것이다.

화성은 이미 지구에서 보낸 선발대 탐사로봇들이 표면을 거닐며 매일같이 그곳의 상황을 전하고 있는 곳이다. 처음 화성의 표면 사진을 받아본 이들은 어떤 전율에 떨었을까? 당장 아무 검색 엔진 사이트에서 관련 키워드를 검색하면 화성 탐사로봇들이 찍어온 화성 사진을 볼 수 있다. 화성의 모습이라고 설명하지 않으면 지구 어딘가에서 찍은 것이라 믿을법한 그런 모습들이 실제론 수천만 킬로미터 떨어진 행성을 찍은 것이라니. 지구 외 다른 행성 가운데 가장 먼저 인간이 발을 딛을 유력한 후보로 화성이 항상 꼽히는 이유다. 언젠가 상상이 아닌 실제로 화성에 발을 딛고 화성의 푸른 노을을 바라볼 날이 오기를 기대한다.

08

별 하나의 세상들

태양계의 안쪽에는 멋지고 단단한 암석형 행성들이 존재하지만 그보다 바깥으로 나가면 목성을 위시한 가스 행성들이 자리하고 있다. 암석형 행성과는 다르게 발을 디딜 곳이 없어 보통 그곳에 정착할 가능성을 점치는 경우는 드물지만, 이 행성들의 주변을 도는 위성들에는 여전히 기회가 많다. 아름다운 가스 행성의 주변을 도는 위성에서 바라보는 모행성의 웅장한 모습을 상상하면 당장이라도 날아가 그곳의 하늘을 만끽하고픈 심정이다.

목성계에는 정말로 많은 위성이 있지만 그중에서도 작은 얼음 세계를 하나 소개하고자 한다. 목성의 위성 유로파는 우리 지구와는 다르게 표면이 매우 두꺼운 얼음 지각으로 이루어져 있다. 놀라운 것은 이 두꺼운 얼음 표면 밑에 지하 바다가 존재할 것으로 추정된다는 점이다. 어떻게 목성의 위성처럼 추운 환경에 바다가 존재할 수 있을까. 지구처럼 태양이 가까이 있는 것도 아닌데 말이다.

평균온도가 영하 170도인 유로파의 환경을 보면 지하의 바다도 표면처럼 꽁꽁 얼어붙어 있어야 하는 게 맞다고 생각할 것이다. 하지만 유로파 표면으로 에베레스트산의 20배 높이까지 솟아오르는 물기둥은 유로파의 두꺼운 얼음 방패 밑에 지구의 바다보다 2배나 큰 바다가 존재하고 있음을 시사한다. 달보다도 작은 목성의 얼음 위성에 지구의 바다보다 큰 바다가 존재하고 있다니 도대체 이런 일이 어떻게 가능한 것일까. 정답은 바로 유로파의 형제 위성들에게 있다.

유로파는 목성의 나머지 위성들과 조석력을 통해 마찰을 일으키는데 이 마찰열로 인해 위성이 달아오르기 때문에 유로파의 내부는 따듯한 상태로 존재할 수 있다. 유로파의 형제 위성인 이오가 화산으로 뒤덮여 있는 것도 같은 이유다. 나는 이 사실을 처음 알았을 때 머리를 한 대 맞은 기분이었다. 태양과 멀리 떨어져 있으면 무조건 얼음으로 가득한 환경일 거라는 편견이 뒤집혀 버렸기 때문이다. 우주는 어떠한 모습으로든 이렇게 인간의 예상과 상상을 뛰어넘는 세상을 보여주곤 한다.

이제 인간은 조만간 이 미지의 바다로 탐사를 떠날 준비를 하고 있다. 얼음층 밑 바다라는 환경은 지구에 있는 우리가 보기엔 어떨지 모르지만 우주적 관점에서는 생명체에 아주 호의적인 환경이라고 한다. 바다 위의 두꺼운 얼음 방패는 목성에서 오는 엄청난 양의 방사선과 소천체들의 충돌로부터 유로파의 바다를 보호해 준다.

만약 유로파의 바다에 정말로 해양 생명체가 살고 있다면 그들은 어떤 모습을 하고 있을까? 가까운 미래에 목성계로 탐사를 떠난 인류의 탐사대가 유로파의 얼음을 뚫고 외계의 바다에 들어섰을 때 지구 밖 외계 생명체와 처음으로 마주치게 되는 것은 아닐까? 얼음 아래로 촬영 장비를 집어넣은 순간 물속을 헤엄치고 있는 어떤 생명체라도 찍힌다면 그야말로 엄청난 발견일 것이다.

어쩌면 이 광활한 우주에 우리만 존재하는 것이 아니라는 사실을, 머나먼 다른 별의 행성이 아닌 태양계의 형제들에게서 찾을 수 있을지도 모른다. 만약, 아주 만약에 그곳에 우리와 같은 지적 생명체가 살고 있다면 우리 지구인은 그들과 어떤 대화를 나누게 될까?

유로파의 지하 바다에 지적 생명체가 존재한다면 그들의 세계는 캄캄한 암흑 속의 무한한 바다와 머리 위의 단단한 얼음뿐 일 것이다. 우리가 하늘을 보며 언젠가 그 너머로 나아가는 상상을 했듯이 그들도 언젠가 얼음 바깥의 세상으로 나가는 꿈을 꾸고 있었을지도 모른다. 아니면 반대로 두꺼운 얼음 천장이 세상의 끝이라고, 자신들의 작은 위성이 세상의 전부라고 생각하며 살아가고 있진 않을까? 그렇다면 유로파인들은 어느 날 같은 어머니 별의 먼지로부터 태어났다는 이들이 세상의 끝을 뚫고 찾아와 들려주는 얼음 천장 바깥 세상에 대해 어떤 반응을 보일까…. 그들과 우리가 어떤 우정을 쌓게 될지 즐거운 상상이 끊이지 않는다. 별이라는 것이 무엇인지도 몰랐던 이들에게 태양은 어떤 존재로 다가갈까? 우리를 창조했다는 거대한 빛 덩어리에 대해 유로파의 지적 생명체들이 어떤 경외를 느끼게 될지도 궁금하다.

그렇지 않더라도, 유로파의 바다에 끝끝내 도착한 우리가 발견한 것이 같은 별에서 태어난 생명이 아닌 암흑 속의 끝없는 바다일 뿐이라도 그곳으로 탐사를 떠난 사람들이 실망하지는 않을 것 같다. 플로리다 해변을 상상하며 금성에 도착한 이들이 마주한 것이 납도 녹아내릴 만큼의 불지옥이었을지언정, 상상으로만 여행하던 세계의 모습을 직접 확인하는 것은 분명 인간의 모험심에 커다란 연료가 된다.

현실로 돌아와, 목성의 방사선이라든가 지금 기술력으로는 도무지 감당할 수 없어 보이는 수십 킬로미터의 두꺼운 얼음층 같은 산적한 문제들을 차치하고서라도, 그곳의 생명과 처음 마주하는 장면을 떠올리다 보면 목성계로의 여행이 즐겁게 다가올 것이다. 에베레스트산보다 20배나 높은 물기둥이 치솟는 그곳에서 하늘을 가득 채운 목성을 바라보며 나는 오늘도 유로파의 표면을 거닐고 있다.

나는 가끔씩 우주 어딘가에 있을지도 모르는 장엄한 세상에 관한 꿈을 꾸고는 한다. 꿈속 세상에서 마주친 하늘의 풍경은 너무나 아름다워서 꿈에서 깨고 나면 컴퓨터 앞에 앉아 꿈속 광경과 닮은 월페이퍼 같은 것들을 주섬주섬 주워 담고는 했다. 이런 꿈을 꿀 때마다 항상 단골처럼 등장하는 천체가 있는데 그건 바로 거대하고 멋들어진 고리를 가진 토성이다. 아니, 어쩌면 토성이 아니라 토성과 비슷하게 생긴 외계의 어떤 행성일지도 모르겠다. 거대한 고리를 가진 행성에 환상을 품은 사람이 나뿐만은 아닌지, 관련 검색어로 월페이퍼를 찾아보면 꿈에서 본 것과 비슷한 풍경을 가진 사진들이 우르르 쏟아져 나온다.

우리 지구의 하늘에서 본 토성은 어떨까? 아쉽게도 워낙 멀리 떨어져 있는 탓에 지구 하늘의 토성은 작디작은 점으로밖에 보이지 않는다. 천체망원경을 동원해 살펴봐야만 비로소 그 고리를 작게나마 확인할 수 있는 정도다. 하지만 토성의 주변을 도는 위성들 가운데 한 곳에 내가 있다면 꿈에서 본 것처럼 하늘을 멋지게 장식하고 있는 토성의 모습을 볼 수 있지 않을까? 지금 태양계에서 가장 많은 위성을 거느리고 있는 토성계라면 후보가 많겠지만 나는 그중에서도 토성계에서 가장 거대한 위성 타이탄으로 여정을 떠나고 싶다.

타이탄은 지구를 제외하면 지표면에 액체가 안정적으로 존재하는 것을 확인한 첫 번째 천체이며, 태양계 위성들 중에서 유일하게 짙은 대기를 가지고 있다. 이는 대기가 없는 탓에 항상 한밤중처럼 시커먼 하늘을 보지 않아도 된다는 얘기다. 바다가 지하에 있는 유로파와 달리 타이탄에는 지구처럼 강과 바다, 삼각주, 호수 등이 표면에 존재하며, 지구에서 물이 순환하는 것처럼 타이탄에서도 구름이 생기고 비가 내리는 등 액체의 순환이 이루어진다.

여기까지만 보면 정말 지구와 다를 바 없다 싶지만 이곳에 존재하는 액체는 우리에게 친숙한 물이 아니다. 타이탄은 지구와 달리 매우 춥기 때문에 메탄이 액체 상태로 존재할 수 있는 환경이다. 즉 이곳의 바다와 호수 그리고 강 등등은 대부분 액체 메탄으로 이루어져 있다. 타이탄의 호수에서 물장구를 치는 상상을 했을 지구인들에게는 조금 실망스러울 이야기가 되었다.

그럼에도 타이탄은 지구와 유사한 부분이 굉장히 많은 세계다. 타이탄에서도 지구처럼 강줄기가 육지를 가르고 타이탄의 바다로 흘러들어 간다. 바다에는 이름도 있다. 타이탄의 가장 큰 바다에는 '크라켄해'라는 이름이 붙었는데 정말로 문어처럼 생긴 북유럽의 상상 속 바다괴물 괴물 크라켄이 불쑥 나타나 촉수를 휘저으며 다가올 것만 같은 이름이다. 지구가 그렇듯이 타이탄에도 산과 얼음 화산으로 보이는 지형이 몇 관찰되었다고 한다. 타이탄의 산에 올라 바라보는 액체 메탄 강은 정말로 절경이 아닐까?

심지어 우리는 타이탄에서 날아다닐 수도 있다. 지구보다 높은 기압과 낮은 중력으로 인해 팔을 휘저어 날갯짓을 하는 것만으로도 새처럼 날 수 있다. 내가 만약 타이탄에 가게 된다면 멋진 풍경을 찾아 새처럼 날개를 퍼덕거리며 여기저기 돌아다닐지도 모른다. 그리고 이 매력적인 위성에 대해 앞서 이야기한 모든 것은 2005년 토성 탐사선 카시니호가 타이탄에 하위헌스 탐사선을 보내 착륙시키기 전까지는 우리가 거의 알지 못하던 것들이었다. 상상의 결을 다듬는 데도 직접 탐험하는 일이 필요하다.

타이탄의 대기는 금성처럼 매우 두껍기 때문에 그 지표면에 대해 알기 어렵다. 만약 타이탄에 직접 탐사선을 착륙시키지 않았더라면, 액체 메탄 강이 바다로 흘러들어 가는 장면은 이보다 간접적인 증거들을 통해 겨우 추론만 해낼 수 있었을 것이다. 타이탄에 착륙한 탐사선이 촬영해 온 사진을 통해 우리는 그 미지의 세계가 우리 지구와 얼마나 닮았는지를 알 수 있었다.

물론 여기서 만족할 수는 없다. 2033년에는 타이탄에 드론을 띄울 예정이라고 한다. 일전에 타이탄에 착륙해 불과 한 시간 조금 넘게 작동한 하위헌스 탐사선과 달리 이 드론은 원자력 전지를 달고 있어 수년에 육박하는 수명을 갖게 된다. 이 탐사선이 도착하면 타이탄의 하늘을 누비며 그 세계의 더 많은 모습을 담아 오게 될 것이다.

그다음은 어떨까? 언젠가 꿈속에서처럼 타이탄의 표면에 사람이 발 딛게 되는 날이 오지는 않을까? 나는 다시금 꿈을 꾼다. 꿈속에는 타이탄의 표면을 거닐고 있는 내가 있었다. 여태 꿈에서 봐왔던 것처럼 하늘에는 거대한 고리를 두른 토성이 떠서 내 마음을 사로잡는다. 이곳의 산을 마치 새처럼 퍼덕이며 날아 올라가 정상에 서서 먼발치에 빛나는 메탄 바다를 바라보며 즐거운 모험을 한다. 문득 저 멀리 바다에서 촉수를 휘저으며 헤엄을 치는 무언가를 본 것도 같다.

꿈에서 깨어나 다시 컴퓨터 앞에 앉아 타이탄에서 본 토성의 모습을 검색하며 이리저리 정보의 바다를 뒤적인다. 아직까지 방에 앉아 모니터를 통해서만 볼 수 있는 광경이라는 사실이 조금 야속하다. 미래의 어느 날 타이탄에 인간이 도착해 머리 위의 토성을 보며 감탄하는 날이 오게 된다면, 자신이 과거 누군가가 꿔왔던 꿈이 현실이 되는 순간에 있음을 알아주었으면 좋겠다.

정신없이 태양계 이곳저곳을 돌아다니다 보니 어느새 태양계의 가장 바깥 행성들 곁을 지날 차례가 되었다. 특유의 아름다운 청록빛과 푸른빛으로 지구인들에게 사랑받고 있는 천왕성과 해왕성은 아직 인류의 발길이 거의 닿지 않은 불모의 세계다.

인류가 쏘아 올린 탐사선들이 거쳐간 행성이나 위성들과 달리 태양계 가장자리의 두 행성을 탐사한 탐사선은 여태까지도 그 옛날 탐사선 보이저 2호가 유일하다. 그래서 정보의 양이 극단적으로 적은 탓에, 이 행성들을 좋아하는 사람이 꽤 많음에도 불구하고 태양계 행성들에 대한 이야기가 나오면 항상 뒷전인 것이 내심 아쉽기만 했다. 다른 태양계 행성의 환경에 대해서는 많이 알고 있으면서 천왕성과 해왕성에 대해 물으면 쉽게 대답하지 못하는 사람들이 많다. 관심 밖이기 때문인 걸까, 아니면 정말 정보의 부족 때문일까. 나는 그런 사람들에게 잊지 못할 이야기를 하나 들려주곤 한다.

먼저 그들에게 다이아몬드를 좋아하는지를 물어본다. 물론 십중팔구 무지 좋아한다는 대답이 돌아오곤 하는데, 이때 천왕성과 해왕성에는 다이아몬드 바다가 있고 다이아몬드로 이루어진 비가 내린다는 사실을 넌지시 알려주면서 우리끼리만의 비밀이라고 느닷없는 입단속을 한다. 바다와 비가 다이아몬드로 이루어진 행성이라니! 그 바다에는 다이아몬드 덩어리들이 둥둥 떠다닐 것이다(물론 이는 두 행성의 환경을 토대로 과학자들이 추측한 것이지만 나는 어째서인지 이게 사실일 거라 믿고 싶다).

천왕성과 해왕성의 이런 환경에 대해 들은 사람들은 당장이라도 그곳으로 이사 가고 싶다고 이야기한다. 물론 농담이겠지만 그런 그들의 일확천금의 꿈을 부수고 싶지는 않기에, 다이아몬드 바다에 도달하기까지 얼마나 혹독한 환경이 기다리고 있는지는 굳이 이야기하지 않는다. 굉장히 힘들겠지만 그들이 다이아몬드로 이루어진 바다를 즐겁게 항해하는 상상을 방해하고 싶지는 않다. 만약 미래에 천왕성과 해왕성으로 본격적인 탐사를 시작하게 된다면 이것이 사실로 밝혀질 수도 있다. 아니, 어쩌면 우리의 생각을 뛰어넘는 사실을 추가로 발견하게 될지도 모른다. 먼 미래에도 사람들이 다이아몬드를 좋아한다면 그들에게는 반가운 소식이 될 것 같다. 다이아몬드로 이루어진 바다와 비를 가진 세계는 내게 그 존재 자체가 다이아몬드의 값어치보다 훨씬 매력적이다.

어떻게 태양이라는 별 하나에 이렇게 다양한 세상들이 존재할 수 있을까. 여태 태양계 이곳저곳을 살피며 많은 세상을 거닐어 봤지만 여기서 소개해 드린 장소들도 태양계의 전부는 단연코 아니다. 태양계에는 여기에 미처 소개하지 못한 더 많은 세상들이 존재한다.

화산으로 가득해 표면이 유황 화합물로 뒤덮인 곳이나 점점 모행성으로 추락해 종국에는 고리가 될 운명을 가진 천체도 있고, 토성의 고리에 필요한 물질을 우주공간으로 뿜어내는 곳도 있다. 지구와는 판이하게 다른, 우리가 전혀 상상해 보지 못한 각양각색의 세계가 전부 궤도의 중심에 있는 거대한 빛 덩어리 주변을 돌며 각자의 세상을 만들어 왔던 것이다. 이것이 태양이라는 별 하나가 거느리고 있는 세상들이다. 그리고 태양계 너머저 바깥에는 태양과 같은 별들이 우리은하에만 수천억 개가 존재하고 있다. 이는 마치 내가 어떤 곳을 상상하더라도, 우주를 지배하는 물리법칙에 위배되지만 않는다면 이 우주 어딘가에 반드시 그런 곳이 존재할 것만 같은 광대함이다.

실제로 과학자들이 찾은 태양계 바깥 외계 행성들의 환경을 추측한 것을 보면 놀라운 사실이 많다. 엄청난 강풍과 함께 유리 조각이 날아다닌다든가, 어머니 별에 너무 가까워서 온도가 무려 4,300도에 달하는 금성조차 명함을 내밀 수 없는 지옥 같은 곳도 있다. 어머니 별이 우리의 태양처럼 하나가 아니라 여러 개라면 그곳에서는 여러 개의 해가 떠오르는 멋진 일출을 볼 수 있을 것이다.

우주 돛단배를 타고 아름다운 마지막 두 행성을 지나 태양계를 떠나고 있는 지금 아쉬움보다는 설렘이 감정을 더욱 부추긴다. 광막한 우주 속에서 과연 어떤 세상이 우주 항해자들을 기다리고 있을지, 우리 태양계보다 더더욱 놀랍고 신비한 곳들이 얼마나 많을지, 그리고 이렇게나 다양한 세상을 가진 우주라면 우리와 같이 의식과 지성을 가진 이들을 품고 있는 곳도 어딘가에 존재하지 않을지 궁금해진다. 이제 태양계를 등지고 나아갈 우주 항해자들에게 묻고 싶다.

우주 항해자 여러분, 여러분이 마주친 세상은 어떤 모습이었나요?

09
꿈의 소나기, 유성우

어느 날 친구 한 명이 카메라를 부랴부랴 챙기고 있는 나를 보고 물은 적이 있다. 자기는 하늘을 올려다봐도 별다른 흥미를 느끼지 못하는데 대체 무슨 재미로 밤하늘을 올려다보며 사느냐는 것이다. 그런 친구의 질문에 내 대답은 딱 한 마디였다. 백문이 불여일견. 친구가 상상하는 우주의 모습과 실제로 하늘을 올려다봤을 때 보이는 우주의 모습은 사뭇 다를 것이다.

우주라고 하면 흔히 떠올리는 모습은 검은색 배경에 여기저기 흩뿌려진 빛나는 작은 점뿐이지만 실제로 천체 관측을 하다보면 우주가 생각보다 다채롭고 흥미로운 공간임을 느끼게 된다. 여러 가지 방법이 있지만 가장 쉬운 방법은 굳이 망원경을 동원하지 않고 빛이 없는 어두운 곳을 찾아 그저 평상이나 돗자리를 펴놓고 누워 밤하늘을 바라보는 것이다. 이것만으로도 훌륭한 천체 관측 방법이라 할 수 있다. 솔직히 서울 도심지 한복판에서 오면가면 잠깐씩 하늘을 보는 것만으로는 매력을 느끼기 힘든 게 당연하다.

검은 바탕에 하얀 점만으로 가득했던 상상 속 우주와 달리 실제로 본 밤하늘의 별들은 제각기 색이 다르다. 온도에 따라 별의 색깔이 다르기 때문이다. 나를 천문학에 빠지게 했던 오리온자리의 별 베텔게우스나 전갈자리의 안타레스, 그리고 별은 아니지만 지구의 이웃 행성인 화성은 붉은색을 띠는 대표적 천체다. 앞의 두 별은 현재 적색초거성 단계를 지나고 있는 별이기에 붉은색을 띠고, 화성은 표면에 흔히 산화철이라고 부르는 녹슨 철 성분이 많기 때문에 붉은색으로 보인다. 이들 중 안타레스와 화성은 심지어 라이벌 관계에 놓여있기도 하다.

'안타레스Antares'의 어원은 고대 그리스어로 '화성의 대적자'라는 뜻을 가지고 있는데, 이는 어떤 대상에 반대되는 입장을 지녔다는 뜻의 접두사 '안티anti'와 화성을 상징하는 전쟁의 신 '아레스Ares'를 합친 이름이다. 고대 그리스인들의 눈에는 두 천체가 어느 쪽이 더 붉은지 경쟁하는 것처럼 보이기라도 했던 모양이다. 그만큼 두 천체는 하늘에서 독보적인 붉은빛을 띠고 있다. 물론 이는 밤하늘에서 보이는 밝기를 토대로 한 것일 뿐, 거대한 쌍성 안타레스는 두 별의 편차가 크긴 하지만 주성의 밝기가 태양의 수만 배에 달하는 엄청난 별이다. 지구의 이웃인 화성과 달리 550광년 바깥의 거리에 있기에 화성과 대적하는 것처럼 보일 뿐이다. 사실이 그렇다 한들 뭐 어떤가. 나는 이런 식으로 이름 붙여진 천체들의 뒷이야기가 굉장히 흥미롭기만 하다.

그렇다면 푸른색 별은 없을까? 태양계 바깥 천체 중 밤하늘에서 가장 밝게 빛나는 것으로 유명한 시리우스나 오리온자리의 베타별 리겔은 푸른색으로 빛나는 별이다. 이러한 별들은 온도가 높은 편에 속하기 때문에 푸른빛에 가까운 색을 갖는다. 마차부자리의 알파별 카펠라는 황백색 별로 태양과 비슷한 색을 띠고 있다.

이처럼 몇 개 소개하지 않았는데도 별의 색깔은 정말로 각양각색이다. 만약 광공해가 적은 곳에서 맑은 날 밤하늘을 올려다본다면 굉장히 다채로운 색으로 꾸며진 우주를 마주하게 될 것이다. 이때야 비로소 하얀 점만이 드문드문 퍼져있는 단조로운 우주가 아닌 여러 가지 색을 가진 보석으로 가득한 멋진 우주의 모습을 볼 수 있지 않을까. 조만간 친구를 데리고 천문대를 다녀와야겠다고 마음먹는다.

마차부자리. 사진 왼쪽 가장 밝은 별이 카펠라다. 2018년 가평에서.

형형색색 다양한 색을 가진 별들을 쫓으며 우주의 보석을 찾다 보면, 이따금 기나긴 꼬리를 남기며 순식간에 하늘을 가로질러 사라지는 천체가 있다. 많은 이들의 소원과 꿈을 안고 지구를 향해 곤두박질치는 유성이 바로 그것이다.

유성은 주로 우주의 소천체가 지구로 진입해서 지구 대기와의 마찰에 의해 밝게 빛나며 떨어지는 것인데, 그중 특히 혜성이 남기고 간 소천체 파편들이 공전 중인 지구와 만나 비처럼 쏟아지는 유성우는 볼거리 중의 볼거리다. 관측 조건이 꽤 좋은 경우 시간당 100개 이상의 유성을 볼 수 있는 경우도 있는데 이렇게 되면 사람들은 하늘을 보고 온갖 소원과 꿈을 빌기 바쁠 것이다. 밤하늘을 가로지르며 떨어지는 유성들의 모습은 말 그대로 꿈의 소나기 같다.

나는 고등학생 시절 학교 친구들을 데리고 추운 겨울밤 첫 유성우를 관측하러 나갔던 일을 잊을 수가 없다. 거의 모든 관측이 처음이던 이때, 유성우 관측하는 법을 이론으로만 알고 있던 나는 괜히 친구들을 데리고 갔다가 허탕을 칠까 봐 상당히 긴장하고 있었다. 일단 내가 살던 곳은 지금과 마찬가지로 서울시 한복판이었다. 당시의 관측 조건이 제법 좋았다고는 하나 서울의 광공해는 만만하게 볼 것이 아니었기에 유성우를 볼 수 있을지 장담할 수 없었다. 유성우의 최적 관측 조건은 대부분의 천체 관측 시와 다를 바 없이 빛이 없어 어둡고 사방이 트인 곳인데 서울은 그저 빛 천지인 데다가 사방을 건물이 가로막고 있기 때문에 난이도가 상당했다. 내가 밤하늘을 제대로 소개하지 못하면 여섯 명의 친구들은 영하 10도가 넘는 엄동설한에 덜덜 떨다가 허탕을 치고 각자 집으로 돌아가야 할 판이었다.

엎친 데 덮친 격으로 원래 관측지로 점찍어 뒀던 학교 운동장의 문은 굳건히 잠겨있었다. 원래라면 축구부 연습을 위해 최소한의 조명과 함께 열려있어야 했는데…. 유성우가 최대로 관측되는 극대시각이 당장 코앞인 상황에서 나는 어쩔 수 없이 친구들과 함께 학교 인근 뚝방길로 올라가야만 했다. 그런데 그곳은 가로등이 아주 조밀하게 설치되어 있는 곳이라서 정말 낭패인 상황이었다. 뚝방에 올라간 우리는 옹기종기 모여 복사점(유성들이 흩어져 나오는 곳처럼 보이는 가상의 점)을 바라보며 한참 수다를 떨었다. 나는 혹여나 유성 하나라도 놓칠까 봐 대화에 집중을 하지 못했기 때문에 그때 친구들과 나눈 대화가 기억에 남아있지 않다.

이윽고 첫 유성이 떨어졌을 때 유성을 시야에서 놓친 사람은 한 명도 없었다. 일제히 탄성을 지르며 방금 봤느냐고 저마다 자기가 본 유성에 대해 이야기하기 시작했다. 처음 목격한 유성은 너무나 선명하게 보여서 '정말 우주에서 날아온 돌덩이가 지구에서 저렇게 타오르는구나' 하고 내심 신기함에 사로잡혔다. 몇 초는 보일 것이라고 생각했던 내 예상과 달리 유성은 정말 눈 깜짝할 새 사라져 버렸다. 그 찰나의 순간에 소원 비는 것에 성공한 사람들이 존경스러울 정도였다.

그 뒤로도 유성을 몇 개 더 관측할 수 있었는데, 유성 자체를 본 것도 처음이지만 하늘에 그렇게 많은 유성이 떨어진 것도 정말 처음이었다. 비록 흔히 말하는 것처럼 비 오듯 쏟아지는 것은 아니었지만 심심할 만하면 하늘을 가로지르는 유성을 보며 우리는 대화하는 것도 잊은 채 벤치에 누워 그저 하늘을 바라보았다. 그러나 이게 끝이 아니었다.

몇 시간을 그렇게 유성우의 전 과정을 관측한 뒤 극대시각을 넘기고 돌아오던 길, 편의점에 가서 컵라면이라도 하나씩 사 먹자며 뚝방길을 내려가려던 우리의 눈앞에 샛노란 섬광 하나가 나와 친구들의 그림자를 땅에 드리웠다. 화들짝 놀라 황급히 올려다본 하늘에서는 어마어마하게 밝고 샛노란 유성이 불타며 떨어지고 있었다. 당시에는 그 존재도 몰랐던 화구(火球)의 갑작스러운 출현이었다.

유성 중에서도 특별히 크고 밝아 금성의 밝기를 뛰어넘으면 이름 붙여진다는 아주 밝은 유성 화구는 밤하늘만 쳐다보며 사는 별지기들도 일생 보기 힘든 현상이라고 알려져 있다. 이때 화구의 밝기가 워낙 어마어마해서, 내 기억이 왜곡된 게 아니라면 주변에 그림자가 생기고 하늘에 화구가 남긴 연기 자국이 보일 정도였다. 차라리 누군가가 옆에서 몰래 불꽃놀이 불꽃을 쏜 거라고 믿는 게 더 현실적인 광경이었다.

첫 유성 관측에서 평생 한 번 보기 힘들다는 화구를 목격하게 된 나는 아무 말도 못 하고 하늘을 바라만 보았다. 내 그림자가 하나 더 생길 정도로 밝은 유성이 실시간으로 연기를 남기며 천천히 떨어지던 모습이 꿈속 장면 같기만 했다. 그때의 기억에 사로잡혀 아직도 나는 웬만한 유성우 시기가 되면 놓치지 않고 유성을 관측하러 길을 떠난다. 다시 벤치에 누워 멋진 유성들의 모습에 더해, 어쩌면 그날 사방을 환하게 비췄던 멋진 화구를 다시 마주할 수 있을 거라는 희망도 조금 가져보면서.

유성우. 사진 출처: NASA.

10
해와 달의 예술 작품

내 주변 사람들은 나와 같이 밤거리를 걸을 때마다 밤하늘의 저 점들이 어떤 천체인가 물어보고는 한다. 예를 들면 저 산등성이 너머 건물의 인공조명만큼 밝게 빛나고 있는 천체는 대체 뭐냐 하는 식이다. 그럴 때마다 나는 그들에게 그 천체의 정체를 자세히 설명해 주고는 했다. 저것은 금성이며, 지금은 저녁 시간대이기 때문에 태양을 따라 지고 있고, 그래서 서쪽 하늘에 위치하고 있다는 식이다. 그렇게 나는 온갖 천체들의 정체에 대해 질문 받으며 살아왔다. 어쩌면 친구들에게는 자신들이 구태여 찾아보지 않아도 물어보기만 하면 대답해 주는 내가 우주 내비게이션 같은 존재였을지도 모르겠다.

그런데 그런 그들에게도 우주 내비게이션의 도움이 전혀 필요 없는 익숙한 천체들이 있다. 바로 태양과 달이 그 주인공이다. 나는 태양과 달을 가리키며 저것이 뭐냐고 물어보는 질문을 받아본 적이 없다. 당연하게도 누구나 알고 있기 때문일 것이다. 천문학에 대한 관심의 문제가 아니라, 이 두 천체는 이미 우리의 일상에 너무나 잘 녹아들어 있기 때문이다. 태양은 무척 거대하고 밝아 모를 수가 없고, 달은 아주 가까워 맨눈으로 그 표면까지 보이기에 우리 지구의 동반자임을 쉽게 알 수 있다. 천체라는 것이 우리 인간에 비해서 얼마나 거대한지 가장 직관적으로 확인할 수 있게 해주는 것도 태양과 달이다.

지구와 달 사이에는 태양계 행성이 모두 들어갈 수 있을 정도의 거리가 있다. 지구상의 그 어떤 물체도 달의 거리에 가져다 두면 인간의 눈으로는 결코 볼 수 없을 것이다. 그럼에도 우리 눈에는 달의 표면이 선명하게 보인다. 1178년에 잉글랜드의 수도승들이 달에 충돌하는 운석을 맨눈으로 봤다는 기록까지 있을 정도다. 달만큼 직관적으로 천체의 크기를 깨닫게 해주는 것이 또 있을까?

어쩌면 지구의 하늘에서 가장 크게 보이는 두 천체가 옛사람들에게 신적 존재로 느껴진 탓에 일식이나 월식이 조상들에게 두려움으로 다가왔던 것인지도 모른다. 이런 천문 현상의 원리를 모르던 시절의 그들에게 하늘의 태양이 느닷없이 가려지거나 달이 핏빛으로 물드는 현상은 신이 노했다며 세상이 발칵 뒤집히고도 남을 일이었을 것이다. 사실 대부분이 일식과 월식의 원리를 알고 있는 현대에도 일식이나 월식을 직접 본 뒤 경외심과 두려움을 느꼈다고 말하는 사람이 많다. 대체 얼마나 놀라운 광경이기에 예로부터 지금까지 태양과 달의 변화에 사람들이 이토록 두려워하고 경이로워할까? 이 두 가지 현상을 보기 전의 내가 항상 가졌던 의문이었다.

일식과 월식은 우리에게 가장 친숙한 두 천체와 지구가 함께 만들어 가는 한 편의 걸작이다. 설령 이 천체들이 우주에 짜인 물리법칙에 따라 그저 서로를 돌다가 이런 컬래버레이션을 하게 되었을지언정 내게는 이 현상이 자연법칙에 의해 만들어지는 하나의 예술 작품으로 보인다. 나는 책이나 사진을 통해서가 아니라 정말로 내 눈앞에서 펼쳐지는 이 광경이 궁금해 날을 재촉하지 않을 수 없었다.

마침내 2009년 7월의 어느 날, 내게도 태양과 달이 이루는 천상의 조화를 마주할 수 있는 기회가 찾아왔다. 내 생애 처음 관측한 일식은 21세기 들어 가장 길게 진행된 개기일식으로 아직도 기록에 남아있다. 이유인즉슨, 이때 달은 지구에 가까운 근지점에 위치하고 있어서 시직경이 평소보다 컸던 반면 7월의 지구는 태양으로부터 멀리 떨어진 원지점에 위치하고 있기에 태양의 시직경은 평소보다 작았기 때문이다. 달이 크게 보이고 태양이 작게 보이니 달이 태양을 가리는 일식 현상은 자연히 길어질 수밖에 없었다. 이런 절호의 기회였으나 안타깝게도 우리나라에서는 개기일식이 일어나지 않아 부분일식으로만 관측해야 했다. 물론 그때까지 일식을 직접 본 적이 없는 내게는 그것마저도 크나큰 벅참으로 다가왔다. 생애 첫 일식이 21세기를 통틀어 가장 긴 개기일식이라는 사실이 지금도 소소한 기념으로 회자되고는 하니 그리 큰 아쉬움은 없었다.

당시 고등학생이었던 나는 지금껏 모아둔 용돈으로 인터넷에서 파는 일식 관측용 안경 여러 개를 구매해 가방에 바리바리 넣고 이른 아침부터 동네 강가에 위치한 둑에 올랐다. 그곳은 친구들과 유성우를 관측했던 바로 그 장소였는데, 빌딩숲 한복판에서 사는 서울의 별지기에게는 그마나 시야를 확보해 주는 높이를 가진 장소였기 때문이기도 하고, 무엇보다 사람들이 많이 드나드는 곳이었다. 나는 이 안경을 통해, 내가 오늘 보게 될 두 천체의 컬래버레이션을 다른 사람들과 같이 볼 생각이었다.

직접 보기 전까진 믿기 힘든 것들이 있다. 그때 내게는 일식이 그런 것이었다. 직접 보기 전에는 지구가 둥글다는 사실을 믿을 수 없다는 이들의 심정이 이런 것일까. 달과 태양처럼 인간 입장에선 거대하기 그지없는 자연의 물체가 우주를 구성하는 물리법칙에 의해 움직이고 있다는 사실도 실감이 나지 않았으며, 이 운동이 맞물리는 때가 있어 달이 태양을 가린다는 사실은 더더욱 실감할 수 없었다.

일식이 일어나기 직전까지도 태양은 곧 일식이 일어난다는 떠들썩한 이야기가 다 거짓말인 것처럼 평상시 그대로 하늘에 떠있었다. 설마 이 모든 것이 거짓이고 태양은 아무 일 없다는 듯 하늘을 일주하다 져버리면 어떡하지 하는 말도 안 되는 상상에 빠져있을 즈음 관측용 안경 너머로 태양의 가장자리가 먹혀 들어가는 모습이 보이기 시작했다. 일식은 정말로 존재하는 현상이었다!

직접 보기 전에는 못 믿겠다며 의구심을 품고 있던 내 눈 앞에서 달이 정말로 태양을 가리기 시작했다. 이것은 나사의 음모도 아니고, 그 유명한 영화 〈트루먼 쇼〉처럼 세상 사람들이 전부 짜고 나를 속인 것도 아니었다. 애초에 인간에게 그럴 힘 따위는 없다. 그 사실을 명백히 알고 있었음에도 일식을 직접 보기 전까진 전혀 실감하지 못했던 것이 사실이다. 거대한 천체들의 컬래버레이션이라니, 나 같은 우주먼지가 이것을 어떻게 실감할 수 있을까.

그러나 나는 달이 태양을 집어삼키며 평상시와 달리 오히려 태양이 초승달 모양으로 변해가는 모습을 두 눈으로 똑똑히 바라보면서 정말로 이 거대한 천체들이 우주의 법칙을 따라 움직이고 있다는 사실을 가슴 벅차게 받아들였다. 내게 천체 관측이란 것이 단순히 하늘이 예뻐서 하는 일이 아니라 세상이 정말 내가 배운 대로 돌아가고 있음을 확인시켜 준 행위로 자리매김하는 순간이었다. 이런 증명의 순간이 어떻게 가슴 뛰지 않을 수 있을까?

난생처음 보는 광경에 넋을 잃고 하늘을 바라보던 나는 이윽고 정신을 차리고, 머리 위에서 무슨 일이 일어나고 있는지 모른 채 지나다니는 사람들에게 일식을 보라며 안경을 나눠주기 시작했다. 아직도 교복 자락을 휘날리며 여기저기 안경을 나눠주고 일식에 대해 이야기하는 지난날의 내 모습을 생각하면 그때는 어떻게 그런 열정을 불태웠는지 신기하기만 하다. 그때가 아침이었으니, 교복 입은 학생이 그 시간에 밖을 돌아다니고 있는 것을 대부분 의아하게 생각했을 것이다.

느닷없이 같이 일식을 보자며 안경을 건넨 어떤 학생을 기억하는 분이 이 책을 보게 된다면 그 학생이 나이를 먹고도 하늘 너머를 향한 사랑에 여전히 분주히 뛰어다니며 누군가의 곁으로 우주를 가져오고 있음을 괜스레 알리고 싶다. 그리고 한 번씩 나를 떠올린 사람들이 무심코 하늘을 올려다보는 날이 있기를….

그렇게 내 생애 첫 일식은 우연히 길을 지나던 동료 지구인들과 함께 마무리되었다.

첫 일식을 경험하고 난 뒤에도 나는 우리나라에서 볼 수 있는 일식은 모두 놓치지 않고 빠짐없이 관측했다. 날씨 같은 변수가 있는 게 아니라면 근무 중에도 잠깐 시간을 내어 이 신기한 현상을 보며 새삼 감탄하고는 했다.

안타까웠던 일은, 매번 사정이 생겨 일식 촬영에 어려움을 겪었다는 것이다. 아무래도 날씨가 좋지 않아 관측 자체에 실패하거나 일하는 중이라 촬영까지 해낼 여력이 없었던 것인데 나는 아직까지도 일식을 촬영하지 못했다는 사실에 크나큰 아쉬움을 느끼고 있었다. 처음으로 일식을 관측하며 경이로움에 빠진 지 11년이 지날 때까지도 나는 일식을 촬영할 기회를 잡지 못하고 있었다. 2020년 부분일식은 그런 나에게 마지막일지도 모르는 기회였다. 이때를 놓치면 향후 10년간 국내에서 관측 가능한 일식이 없었기 때문이었다.

무려 10년이라니! 이번 기회를 놓치면 해외로 원정 촬영을 나가지 않는 이상 향후 10년간 내게 일식을 촬영할 수 있는 기회는 주어지지 않을 것이었다.

이번만큼은 기회를 놓칠 수 없었던 나는 어떻게든 휴가를 내서 일식 촬영을 하기로 마음먹었다. 이제 성인이 되었으니, 처음 일식을 봤던 고등학생 시절과 달리 천체사진도 많이 찍어보고 태양 필터를 이용한 태양 사진도 꽤 찍어왔기 때문에 촬영 자체에는 충분히 자신감이 있었다. 하지만 내가 가장 걱정했던 것은 천문인들의 부동의 적 1위인 날씨와 적절한 관측지 선정이었다. 사진 촬영 자체에는 자신이 있었지만 관측지 선정을 잘못했다간, 특히 내가 사는 서울 같은 곳에서는 자칫 태양이 고층 빌딩에 가려 황급히 관측지를 옮겨야 하는 해프닝이 벌어질 수도 있었기에 주변이 탁 트인 관측지를 간절히 찾았다.

마침 이 촬영에 동행하기로 한 지인이 본인의 거주지 근처 바닷가를 추천했는데 바닷가는 흔히 해무라고 부르는 바다 안개가 끼는 경우가 종종 있기에 조금 망설임이 들었다. 그래서 일단은 관측지를 바닷가로 정하되 기상청 소식을 예의주시하며 상황을 살피다가, 날씨가 괜찮으면 바다에 가고 그렇지 않다면 인근 뒷산에라도 급히 올라보기로 결정하고 초조히 결전의 날을 기다렸다. 하지만 전전긍긍하던 것이 무색해질 만큼 일식 당일의 하늘은 매우 쾌청했다. 마지막 관문이던 날씨 문제가 해결되자 더 이상 문제 될 것은 없었다. 나는 지인과 함께 장비를 챙겨 지체 없이 바닷가로 향했다.

촬영은 인천의 한 포구에서 진행됐는데, 때는 푹푹 찌는 6월

한복판이라 피서를 나온 시민들과 텐트로 북적거리고 있었다. 우리 일식 원정대는 피서보다는 일식 촬영이 목적이었기에 텐트는 가져가지 않았고, 태양빛을 피하기 위해 차 뒷좌석을 접고 매트리스를 깔아 임시로 그곳에 머물며 일식을 기다렸다.

카메라를 미리 세팅해 두고 바다를 배경으로 수다를 떨다 보니 어느새 일식이 시작될 시간이 다가왔다. 촬영은 간단했다. 세팅 값은 미리 설정해 두었으니 일정 시간마다 지구 자전으로 인해 이동하는 태양을 따라 일식 진행 상황을 촬영하기만 하면 되는 것이었다.

특별한 천체 관측 장비 없이, 카메라를 보호하고 태양의 엄청난 빛을 막아 태양 촬영을 할 수 있게 해주는 태양 촬영용 필터와 삼각대, 그리고 카메라의 흔들림을 방지해 줄 릴리스 케이블이라는 장비가 전부였기 때문에 이번 일식 관측은 카메라의 라이브뷰를 통해야만 했다. 즉 안시 관측용 장비가 전무했기에 직접 눈으로 보진 못하고 카메라의 디지털 화면을 통해 일식 진행 상황을 지켜봐야 했다.

맨눈으로 보지 못하는 것이 조금 아쉬웠지만 이것은 색다른 경험이 되었다. 카메라에 줌렌즈가 장착되어 있기 때문에 무려 확대된 일식의 모습을 볼 수 있었던 것이다. 여태까지 내가 본 일식은 전부 일식 관측용 안경을 통한 안시 관측이었다. 일식을 확대해서 관측하는 것은 난생처음이었다.

나는 차량 뒤편에 깔아둔 매트리스와 카메라 앞을 계속 오가며, 시시각각 달에게 먹혀 들어가는 태양의 모습을 더더욱 자세히 보았다. 맨눈으로 보던 일식과 달리 확대된 일식의 모습은 매트리스에서 한 번 쉬고 올 때마다 눈에 띄게 달라져 있었다. 그러나 내가 시시각각 변하는 태양의 모습을 보며 감탄하고 있을 때도 주변에 피서를 온 사람들 중 하늘을 올려다보는 이들은 아무도 없었다. 조금은 아쉬운 느낌이 들었다. 머리 위에서 일식이 일어나고 있는데 사람들은 텐트에 누워 스마트폰을 두드리기 바빠 보였다. 앞으로 10년간은 볼 수 없을지도 모르는 광경인데….

문득 과거 고등학생 시절 일식 관측용 안경을 들고 신나게 뛰어다니던 모습이 머릿속을 스쳐 지나갔다. 지금은 어떨까? 촬영 중인 카메라와 삼각대를 번쩍 들고 사람들 사이로 뛰어가 일식이 진행 중인데 관측하실 분 안 계시냐며 말을 걸고 싶었지만 이상하게도 그럴 수가 없었다. 혈기왕성하던 그때의 그 청소년은 어디로 가고 낯가림에 망설이고 있는 '아저씨' 한 명이 덩그러니 서있는 것일까. 결국 나는 하늘에서 무슨 일이 일어나고 있는지 모르는 사람들 사이에서 묵묵히 촬영에만 몰두했고, 그렇게 향후 10년간 없을 국내에서의 일식은 끝이 났다.

일식이 끝난 뒤 나는 장비들을 챙겨서 촬영을 도와준 지인의 집으로 가 하룻밤을 지내기로 했다. 일식이 끝난 직후라서 사람들에게 결과물을 빨리 보여주고 싶었기에 일단은 식사도 마다하고 가져온 노트북을 꺼내 사진 보정 작업을 시작했다. 촬영한 사진의 보정 자체는 그다지 오래 걸리지 않았으나 이를 적합한 모양으로 합성하는 시간이 꽤 걸렸다. 한 시간 남짓 보정 작업을 마치고 일식 사진을 올리려고 보니 몇몇 목격담 외에는 아직 일식 관련해서 올라온 사진이 없는 모양이었다. 먼저 트위터 계정과 페이스북 개인 계정 그리고 몇몇 사이트의 사진 게시판에 일식 사진을 올린 뒤에야 나는 비로소 모든 촬영 과정을 마치고 쉴 수 있었다.

지인과 함께 밥을 먹으며 수다를 떨기 시작했는데 그때야 내가 자리를 비운 사이 어린이 둘이 카메라에 관심을 가지고 접근했었다는 사실을 듣게 되었다. 그때 태양열 때문에 고장을 일으킬 경우를 대비해 카메라에 하얀 수건을 덮어두었기에 지인은 이유는 몰라도 만지면 안 된다는 생각에 아이들에게 일식을 소개해 줄 수 없어 안타까웠다고 했다. (일단은 그게 사실이기도 했다. 관측이건 촬영이건 당사자 외에 장비에 손을 대는 것은 당연히 매너 없는 행동으로 받아들여진다.) 그 말을 듣자 역시 사람들에게 일식을 소개하고 싶었던 사람이 나뿐만이 아니었다는 생각이

들었다.

문득 인터넷 여기저기에 올린 일식 사진들에 대한 반응이 궁금해져 노트북을 켜봤다. 사람들의 반응은 내 생각보다 꽤 폭발적이었다. 그저 몇몇 사람들이 신기하다 하고 넘어갈 것이라고 예상했는데 전혀 그렇지 않았다(아마 일식 촬영 때 주위 사람들의 시큰둥한 반응을 보고 그렇게 예상했던 것 같다). 하지만 인터넷에서 일식 사진을 본 사람들의 반응은 매우 뜨거웠다. 그제야 나는 이미 알고 있었으면서도 새카맣게 잊고 있었던 사실을 떠올렸다.

사람들은 우주에서 일어나는 일들에 관심이 없는 게 아니다. 별가루로 만들어진 존재들이어서 그런지 하늘에서 무슨 일이 일어난다면 고개를 들지 않을 사람은 드물었다. 단지 머리 위에서 천문 현상이 일어나고 있다는 사실을 누가 알려주지 않은 탓이다. 그리고 그게 내가 트위터 계정을 만든 이유이기도 했다.

만약 내가 촬영 중에 카메라를 들고 사람들 사이를 종횡무진 뛰어다녔다면 그들은 과연 시큰둥하게 반응했을까? 조금 용기를 내어볼걸 후회가 드는 한편 이렇게 많은 사람들이 부족한 내 일식 사진에 뜨겁게 반응해 주었다는 사실에 벅차고 감사했다. 일식 소식을 알고 있었음에도 여건이 되지 않았거나 아예 모르고 지나쳐 아쉬웠다며 많은 분들이 사진으로라도 볼 수 있어서

일식. 직접 촬영.

좋다는 말을 하는 것을 보고, 살짝 잊고 있었던 초심이 불끈불끈 솟아나는 기분이었다. 만에 하나라도 촬영에 실패할까 두려워했던 일식 사진을 무사히 찍었지만 사실은 그 이상을 얻은 것이었다.

사람들의 곁에 우주를 가져다주겠다는 다짐이, 그날 달에 반 이상 가려졌음에도 사정없이 뜨거웠던 태양의 열기처럼 다시금 불타올랐다. 다음 일식은 2030년에 있다고 한다. 지금 이 글을 쓰고 있는 시점에서도 아직 7년의 시간이 더 남았다. 7년 뒤 다시 찾아온 일식을 맞이하는 나는 어떤 모습일지 벌써부터 생각에 잠겨본다. 아마도 2020년 한여름의 나를 떠올리며 분주히 뛰어다니고 있지 않을까? 마치 바닷가 한가운데의 내가 고등학생 시절의 나를 스쳐 보냈듯이 10년 전의 나를 스쳐 보내며 한 손에는 카메라를, 나머지 한 손에는 태양망원경을 들고 이렇게 외칠 것이다.

"일식 보고 가실 분 안 계신가요?"

11 지구의 그림자

가평의 오두막에서 천체사진 촬영에 몰두하고 있을 무렵 내게 다시 맞이하기 힘든 기회가 찾아온 적이 있다. 2018년의 시작을 알린 지 얼마 되지 않은 어느 겨울밤 달과 지구가 화려한 쇼를 준비 중에 있었다. 이때 '슈퍼 블루 블러드문'이라는 현상이 있었는데 달이 지구와 가까운 근지점을 통과하면서 평소보다 더 커 보이는 '슈퍼문', 한 달에 보름달이 두 번 뜨는 '블루문' 그리고 개기월식으로 인한 '블러드문'이 겹친 정말 이례적으로 보기 드문 날의 달이었다. 이런 여러 현상이 겹친 것도 정말 신기하긴 했지만 내게는 더 의미가 컸는데 그날이 바로 처음 월식을 본 날이기 때문이다.

일식은 고등학생 때 운 좋게 관측할 수 있었지만 20대 중반을 넘어가던 그때까지 나는 월식을 사진이나 영상으로만 봤을 뿐 실제로 관측에 성공한 적이 없었다. 이미 월식보다 훨씬 보기 힘들다는 일식을 본 경험이 있는 내가 정작 월식을 본 적이 없었던 것이다. 당연히 이런 기회를 놓칠 수도 없을뿐더러 때마침 나는 천체사진을 찍으려고 촬영 장비를 전부 가지고 가평에 와있는 상태였다. 그리고 사진과 영상이 직접 보는 만큼의 감동을 전해줄 수 없다는 사실은 여러 경험을 통해 충분히 알고 있었다.

일식과 월식을 비롯한 여러 천문 현상들은 예로부터 우리 조상들에게 깊은 인상을 남기고 심지어 역사를 바꾸기까지 했다고 전해져 온다. 1453년 동로마제국과 오스만제국 사이에 콘스탄티노플 공방전이 벌어지고 있을 때 오늘날 이스탄불로 불리는 동로마제국의 수도 콘스탄티노폴리스에는 달이 떠있는 동안에는 절대 함락되지 않는다는 전설이 있었다고 한다. 이러한 믿음이 그 옛날 병사들의 사기를 고취시키는 데에는 굉장한 효과가 있었을 것이다. 그런데 정작 보름달이 뜨는 날 개기월식이 일어났고, 믿고 있던 달이 사라져 버리자 병사들의 사기가 바닥까지 떨어져서 결국 콘스탄티노폴리스는 며칠 뒤 오스만제국에 함락되었다고 한다.

이 이야기에 많은 공감이 든다. 물론 정말 자연현상으로 인한 사기 저하만으로 성을 빼앗기지는 않았을 것이다. 하지만 당시 사람들이 자신들의 도시를 상징하던 달이 사라지는 모습을 보고 적잖이 충격을 받았다는 건 충분히 사실일 거라고 생각한다. 해와 달과 같은 하늘의 천체들이 보편적인 과학의 영역이 아닌 신들의 세계에 속해있던 시절 이러한 현상은 분명히 사람들에게 크나큰 의미로 다가오지 않았을까?

그만큼 자연현상, 특히 천체가 우리에게 보여주는 모습들은 엄청난 경이로움과 두려움을 느끼게 한다. 각종 천문 현상들이 어떤 원리를 통해 일어나는지 많이 밝혀진 현대에 와서도 사람들은 그런 현상들을 보며 경탄에 빠지고 자연에 대한 경외감에 휩싸인다. 내가 곧 보게 될 개기월식을 그 옛날 15세기 사람들이 봤을 땐 어떤 감정에 휩싸였을까? 나는 부푼 마음을 안고 카메라를 천천히 달로 향했다.

월식은 또 한 가지 흥미로운 사실을 품고 있다. 일식은 우리가 매일 보는 달과 태양이 그려내는 작품이지만 월식은 그렇지가 않다. 월식 때 달을 가리는 것은 우리 지구다. 달에 드리워지는 둥근 그림자가 바로 내가 사는 세상인 지구의 그림자인 것이다. 지구가 둥글다는 것을 확인할 방법은 많지만 우주로 나가서 직접 보는 것을 제외한다면 월식만큼 지구가 둥글다는 사실을 제대로 확인할 수 있는 기회는 많지 않다. 앞서 말했듯이 나는 이러한 것들을 직접 눈으로 보지 않으면 잘 실감하지 못하는 편이다. 학창 시절 처음 일식을 봤을 때 그러했듯이 정말로 달에 둥근 그림자가 드리우는 장면을 두 눈으로 직접 봐야만 했다.

그렇게 몇 분을 기다렸을까, 드디어 달의 가장자리가 점점 어두워지기 시작했다. 촬영과 함께 인생 첫 월식 관측이 시작되었다. 처음에는 달의 귀퉁이가 어두워졌을 뿐 정말 둥근 그림자가 달을 가리는 것인지 의아했지만 시간이 지나며 달은 점점 지구의 둥근 그림자에 잡아먹혀 가고 있었다. 이를 카메라로 확대해서 보고 있던 나는 정말로 감탄할 수밖에 없었다.

저 거대한 달과 지구의 그림자가 내 카메라 안에 전부 들어와 있다니! 사진이나 영상으로만 보는 것과 실제로 머리 위의 달이 점점 이그러지는 모습을 직접 보는 것은 감동의 깊이가 다를 수밖에 없다. 일식 때와 마찬가지로 저것은 나사가 하늘에서 벌이는 인형놀이가 아니었다. 직경 수천수만 킬로미터짜리 천체들이 천상에서 벌이고 있는 진짜 우주쇼였다.

점점 먹혀들어 가던 달이 지구의 그림자 속으로 완전히 들어가자 달은 그 모습을 찾기가 어려울 정도로 어두워졌다. 그러나 일식 때와 다르게 월식은 달이 완전히 가려지진 않는다. 자세히 보면 맨눈으로도 달을 찾을 수 있을 정도로 희미한 붉은빛을 띤다. 태양빛이 지구의 상층 대기를 통과할 때 산란이 일어나고 파장이 긴 붉은빛만 대기를 통과해 달에 도달하기 때문이다. 이 빛이 도로 반사되어 지구의 우리에게 보이는 것인데 이는 노을이 붉게 보이는 것과 같은 원리다.

개기월식의 하이라이트인 이 단계에 이르면 달이 사람의 눈으로 보기에는 너무 어둡기 때문에 카메라가 받아들이는 광량을 조절하여 더 밝게 찍어야만 했다. 그렇게 카메라를 통해 찍은 달의 모습은 그야말로 블러드문, 핏빛 장관의 보름달이었다.

혼자 이 모습을 멍하니 보고 있자니 정말로 먼 옛날 이 현상을 설명할 길 없던 시절을 살았던 사람들에게 달이 통째로 사라지는 것을 보는 경험이 형언할 수 없는 두려움을 안겨줬으리라는 생각이 들었다. 그들에게 달과 같은 천체는 천상에 속하는, 우리 인간이 절대 닿을 수 없는 미지의 세계였을 것이다. 이러한 천상의 물체가 갑자기 이지러지다가 핏빛으로 물들며 사라진다니! 내가 그 시절에 살았다면 어떤 생각을 하게 되었을까? 당연히 신이 천상의 물체인 달을 통해 어떠한 메시지를 전달하고자 한다는 생각에 사로잡혀 두려움에 떨었을 것이다.

달은 다시금 지구의 그림자에서 벗어나 본 모습을 찾아가기 시작했지만 이 광경을 직접 목도한 나는 월식을 보기 전으로는 돌아갈 수 없을 듯했다.

월식은 일식과는 또 다른 매력을 가지고 있었다. 내 눈으로 직접 확인할 수 있는 지구의 그림자와 이를 따라 붉게 물들어 가는 달, 옛날 사람들이 이 광경을 보고 느꼈을 두려움과 충격까지, 우리 주변에서 볼 수 있는 가장 큰 규모의 자연현상을 그저 하늘을 올려다보는 것만으로도 관측할 수 있다니. 우주라는 거대한 공간에서 거대한 천체들이 일으키는 멋진 자연현상을 경험할 수 있는 세상에 태어나서 얼마나 감사한지 모른다.

월식 관측에 성공한 것은 좋았으나 한 가지 문제가 생겼다. 천체사진을 촬영할 때 카메라에 연결해서 원격으로 촬영을 조종하는 릴리스 케이블이라는 물건이 있다. 카메라 자체의 설정을 활용하면 얼마든지 1초 이하의 노출을 줄 수 있는데, 관측에 몰두한 나머지 그만 카메라의 설정을 사용하지 않고 최소 설정값이 1초인 릴리스 케이블의 설정 그대로 촬영하고 말았다. 쉽게 말해 너무 과한 장노출을 주게 된 것이다.

아무리 월식이라고 해도 달빛은 제법 밝고 1초씩이나 노출을 주면 빛을 너무 많이 받아들여 달이 새하얗게 찍혀버리기 마련이다. 상황에 따라 다르지만 보통 수백 분의 1초 촬영으로도 우리가 흔히 보는 것처럼 찍히는 게 달 사진이다. 첫 월식 촬영인데다 관측에 넋이 나가 사진 미리보기를 제대로 체크하지 않은 탓이 컸다. 게다가 달이 지구의 그림자에 가려질수록 어두워지기에 조리개를 개방하거나 노출 시간을 늘리는 등 카메라가 빛을 더 받아들일 수 있는 조치를 취했어야 했는데 그렇게 하지 않아 밝기가 완전히 들쭉날쭉이었다.

결국 첫 월식 사진 촬영은 일식 때와 다르게 완벽한 실패였다. 이것은 큰 문제였다. 다음 월식과 그다음 월식은 각각 월식 진행 중에 달이 지거나 달이 갓 뜨기 시작할 때 최대식miximum eclipse에 이르러 관측에 어려움이 컸기 때문이다. 물론 이때도 촬영할 계획이었지만, 월식의 전 과정을 촬영하려면 4년 뒤인 2022년까지 기다려야만 했다. 아쉬움이 정말 컸지만 이런 것 역시 경험이었다.

천체사진은 그 자체로도 어렵지만 현상을 일으키는 피사체, 즉 천체가 기회를 줄 때까지 기다려야만 한다. 이는 촬영 기회가 몇 번 안 되는 단점이 되기도 하지만, 실패란 용납될 수 없기에 심기일전하게 되는 장점이 있기도 한다. 한 번의 실패로 짧게는 몇 달에서 길게는 몇 년이 흘러야만 기회를 다시 잡을 수 있는 것이 천체사진 촬영이기 때문에 두 번째 월식 사진마저 실패할 수는 없었다. 본격적으로 달 사진을 찍는 연습을 시작한 것이 아마 이즈음일 것이다. 월식 때가 아니더라도 평소에 달 사진을 찍는 일 자체가 큰 도움이 되리라고 생각했기에 한 번의 월식 사진 실패 이후로 나는 시간이 될 때마다 달 사진을 찍는데 꽤나 열중하게 되었다.

달 사진을 찍기 시작하고 보니 달은 생각보다 다양한 모습으로 우리에게 다가오는 천체였다. 먼저 달은 지구 주위를 공전하기 때문에 매일매일 서쪽에서 동쪽으로 13도씩 움직이는 모습을 보인다. 이는 하루에 50분씩 달이 늦게 떠오르는 결과를 가져오므로 같은 시간에 관측하더라도 다른 날이면 달은 이곳저곳 위치를 바꿔 나타난다. 예를 들어 보름달은 자정에 정남쪽에 위치하지만 하현달은 자정이면 막 떠오르기 시작하는 시간이다. 때문에 내가 촬영하고 싶은 달의 모양에 따라, 그리고 배경과 함께 촬영하고 싶을 경우 그 모습의 달이 지평선 부근에 위치할 때를 잘 알아야 했다.

이런 식의 촬영에 익숙해지다 보니 웃지 못할 일도 벌어지곤 했다. 어느 날 친구들과 술자리가 끝나고 막 지하철역을 찾아 헤매던 때였다. 다 같이 취해 비틀거리며 지하철역을 찾던 와중에 한 가지 생각이 번뜩 떠올랐다. 우리가 술자리를 가진 술집은 지도상 지하철역보다 남쪽에 위치해 있었다. 그렇다면 지하철역은 북쪽에 위치할 테니, 보름달이고 자정에 가까웠던 그날 달은 정남쪽에 위치하므로 북쪽에 있을 지하철역은 그 시각 달과 반대 방향에 있어야 했다. 스마트폰만 켜면 지도와 위치가

달의 다양한 모습. 직접 촬영.

나오는 시대에 살면서 이게 무슨 생각인가 싶지만 의외로 나와 친구들은 이 방법으로 금방 지하철역을 찾아낼 수 있었다. 서울시 한복판에서 항해를 하는 것도 아니고 지금 시대에 누가 달을 보고 방위를 알아낸단 말인가. 천체사진에 몰두하다 보니 나는 어느새 인간 나침반이 되어있었던 것이다.

그 정도로 나는 틈날 때마다 달을 찍고 또 찍었다. 다음 월식은 2022년 11월 8일. 스스로 잘 찍은 월식 사진 한 장 가지고 싶었던 내게는 그날이 또 한 번의 디데이였다.

만약 지구에 달이 없었다면 일식이나 월식 등 기적 같은 천문현상 또한 볼 수 없었을 터다. 물론 그렇다고 해도 수성이나 금성도 태양을 가리곤 하기 때문에 천체가 천체를 가리는 식 현상 자체에 대해 모르지는 않았을 것이다. 그랬다면 천문학에 관심이 많은 어떤 사람들은 거대한 위성의 존재를 통해 일식이나 월식이 일어나는 외계의 어떤 천체의 표면에 서서 하늘을 올려다보는 상상을 하며 그 세계를 꿈꿨으리라.

우리가 보는 일식은 흔하디흔한 식 현상과는 다른 특징이 있다. 우리 인류가 지구에 발 딛고 살아가는 지금 이 시점에 지구로부터 매년 약 4센티미터씩 멀어지고 있는 달이 마침 태양과 시직경이 일치하는 것은 정말 기가 막힌 우연이 아닐 수 없다. 이는 달이 과거에는 지금보다 더 크게 보였고 미래에는 지금보다 점점 더 작아 보이게 된다는 것을 의미한다. 태양은 지구와 달 사이의 거리보다 400배 떨어져 있지만 마침 달과 태양의 크기 차이가 400배가 나기에 우리 하늘에서 두 천체는 거의 같은 겉보기 크기를 가진다.

일식 때 달이 태양을 딱 가리는 것도 이런 우연의 일치에서 나온 것이다. 달이 지금보다 가깝거나 멀었더라면 달이 태양을 딱 맞아떨어지게 가리는 현상은 존재하지 않았을 것이다. 만약 이러한 식 현상을 상상하는 외계의 어떤 존재가 있다면 지구야 말로 그들이 꿈꾸기에 딱 좋은 장소가 아닐까? 이러한 사실로 말미암아, 훗날 외계의 존재들을 만나 지구가 우주에서 유명한 일식 관광지로 북적이는 즐겁고도 엉뚱한 상상을 하게 된다.

우리는 누군가가 꿈꾸는 곳에서 사는 행운을 누리고 있는 것인지도 모른다. 월식 역시 마찬가지다. 위성이 내가 사는 행성의 그림자로 뒤덮이는 광경, 그리고 그런 현상이 실제로 일어나는 우주의 어떤 곳을 상상하는 누군가가 존재한다면 지구는 그들의 상상 속 돛단배가 항상 드나드는 우주 명당일 것이다. 그러니 그들이 꿈꾸는 곳에 내가 살고 있는 거라면 기쁜 마음으로 이 행운을 누려야겠다.

2022년 월식은 내게 그런 현상이 되어주었다. 월식의 전 과정을 무리 없이 관측할 수 있다는 이번 월식은 달이 떠오르면서 시작되어 초저녁 내내 멋진 우주쇼를 보여준 뒤 한밤중에 마무리될 예정이었다. 문제가 있다면, 달이 막 떠오르는 시작 과정부터 찍으려면 낮은 고도의 하늘도 볼 수 있는 탁 트인 공간이 필요하다는 것뿐.

유성우 관측 때도 그랬고 일식 관측 때도 그랬듯이 서울은 이런 점에서 가장 부적합한 도시였다. 사방으로 뻗어 하늘을 반쯤 가리고 있는 건물숲 속에서 달이 어디에 어떻게 가려질지는 정말 미지수였다. 월식의 진행 과정을 찍어야 하는데 도중에 한 번이라도 건물에 가려진다면 진행 과정 중에 그 부분의 사진만 없을 테니 촬영에는 큰 걸림돌이 될 것이 뻔했다.

또 다른 변수는 날씨였다. 만약 월식 당일 하늘이 흐리다면 역시나 관측과 촬영에 실패하는 것이었다. 관측지는 잘 선정하면 그만이지만 날씨 문제는 그저 한 명의 인간일 뿐인 나로서는 딱히 방법이 없는 문제였다. 무려 4년을 기다려 온 월식이었기에 그때는 정말 초조하기 그지없었다. 그래도 해결 가능한 문제는 먼저 해결하고 봐야 하는 법. 일단은 관측지 확보를 위해 지도 이곳저곳을 뒤졌다.

달이 떠오르는 동쪽에 고층 건물이 있거나 산이 있다면 관측지로는 부적합했다. 다행스럽게도 집 앞을 흐르는 중랑천 강변의 다리가 동쪽이 탁 트이고 주변에 그다지 높은 산도 없는 아주 적합한 곳이었다.

월식이 시작되는 시각 달의 고도는 대략 8도를 넘어서는 시점이었다. 그러므로 달이 떠오르면서 8도에 도달하는 시간에 내게 보일지만 사전에 조사하면 되었다. 미리 정해둔 관측지로 이동하여 달이 8도에 도달하는 시각에 관측해 본 결과 달이 주변 사물에 가려지지 않고 충분히 높은 고도에 떠있는 것을 확인할 수 있었다.

남은 것은 날씨였다. 천체 관측을 같이하는 사람끼리 한번은 이런 얘기를 나눈 적이 있다. 나중에 죽어서 저승에 가면 날씨를 관장하는 신을 만나 멱살 한 번씩 잡자는 우스갯소리였다. 날씨는 그만큼 수많은 별지기들에게서 천체 관측의 기회를 앗아가 그들을 눈물짓게 만드는 무서운 변수다. 그래서 나는 월식 일주일 전부터 틈만 나면 일기예보를 확인했다. 정말 다행스럽게도 월식 당일은 변수 하나 없이 예보 그대로 천체 관측하기 딱 좋게 맑은 날이었다.

관측지와 날씨가 전부 해결되었으니 이제 실수 없이 관측하고 촬영에만 성공하면 제대로 된 월식 사진을 손에 넣을 수 있었다. 이날을 위해 달 사진을 족히 백 장도 넘게 찍었으니 나 자신을 믿기로 했다.

나는 월식이 시작될 시간에 맞춰 관측지로 이동해 카메라를 세팅하고 달이 떠오르길 기다렸다. 이번 월식은 달이 떠오르면서 시작되기 때문에 총 두 번의 블러드문이 있을 예정이었다. 달이 떠오르며 지평선에서 한 번, 그리고 개기월식에 돌입하며 또 한 번 붉은색으로 물들게 된다. 달은 지평선에서 노을과 같은 이유로 붉은빛을 갖기 때문이다. 잘만 찍으면 두 번의 블러드문을 촬영할 수 있을 것이었다.

이윽고 동쪽 용마산 너머로 달이 떠오르기 시작했다. 육안으로는 아직 월식이 시작되기 전인 것 같았다. 식이 시작되기 전에 달이 모습을 드러낸 걸 보니 순조로운 출발이었다. 만약 식이 시작되고 달이 산 위로 올라왔다면 월식의 맨 앞부분을 놓칠 수 있었다. 물론 집에 돌아와 사진을 본 결과 달의 귀퉁이가 조금 어두워진 게 보여서 식의 시작 부분을 놓쳤다는 사실을 뒤늦게 알 수 있었지만 나는 첫 사진부터 실수가 있었다는 사실 따윈 모른 채, 지구 자전으로 인해 천구상에서 이동 중인 달을 따라 재빠르게 릴리스 케이블의 버튼을 누르기 시작했다.

카메라의 라이브뷰에 비친 달은 갓 떠올라 지평선 근처에 걸려있었기에 새빨갛게 물든 모습이었다. 이 모습 그대로 드디어 육안으로도 달의 귀퉁이가 점점 어두워지는 게 보이기 시작했다. 블러드문과 함께 월식이 시작을 알리고 있었다. 카메라의 라이브뷰에 비친 달이 워낙 붉었기에 나는 이것을 그대로 찍어 트위터에 게시했다. 이것만으로도 월식을 기다리고 있던 사람들의 반응은 폭발적이었다. 개기월식은 한참 남았지만 이미 붉게 물들어 버린 달이 너무나도 신비한 모습이었기 때문일 것이다.

시간이 지나 달이 지평선을 벗어나자 붉은 빛깔은 사라지고 우리가 아는 은쟁반 같은 모습의 달이 지구의 그림자에 점점 감춰지며 고도를 높여갔다. 그만큼 달이 어두워지기 때문에, 카메라에 전부 비슷한 밝기로 담으려면 빛을 더 받아들이거나 오래 받아들여야만 했다. 이전과 같은 실수를 또 저질러서 밝기가 들쭉날쭉한 월식 사진을 찍을 수는 없었다.

이날을 위해 굉장히 다양한 모습의 달을 찍어왔기 때문에, 보름달을 찍던 설정에서 점점 초승달을 찍는 설정으로 조리개를 개방하고 노출 시간을 조금씩 늘려나갔다. 이렇게 하면 조리개가 넓어져 더 많은 빛을 담고 노출 시간이 길어져서 더 오래 빛을 담아 비슷한 밝기로 찍을 수 있다. 시간이 지나 달이 지구 그림자에 전부 가려지는 개기식 때가 되면 육안으로 찾기 어려울 정도로 아주 어두워지기 때문에, 앞선 사진과 동일한 밝기로 찍으려면 카메라 설정값 조절을 무척 잘 해야 했다.

드디어 달이 점점 붉어지면서 시야에서 사라지고 대망의 개기월식이 시작되었다. 달이 하늘에서 자취를 거의 감추고 아주 희미하고 검붉은 모습으로 변해갔다. 분명 옛날 우리 조상들이 보고 하늘이 노했다며 펄쩍 뛰었을 그 모습일 테다.

달이 하늘에서 사라지자, 내가 월식을 관측 중이던 다리를 건너다 관심이 생겨 함께 월식을 관측하던 동네 어르신은 달이 도대체 어디로 갔느냐고 내게 계속 질문을 던졌다. 나는 붉게 물든 채로 카메라에 담겨있는 달을 어르신에게 보여드렸다. 사라진 달의 모습을 카메라에 담아 보여주자 이런 광경은 생전 처음 본다며 신기해 마지않던 모습에 또다시 벅찬 보람과 감동이 몰려왔다. 하늘에서 어떤 일이 일어나고 어떤 모습을 하고 있는지 사람들에게 전하겠노라는 다짐에 전해지는 보람이었을 것이다.

또한 예상보다 사진이 정말 잘 찍히고 있기도 했다. 예상치 못한 실수라도 할까 봐 조마조마했던 것과 달리 예상대로 착착 촬영되어 가는 월식의 모습에 은근히 성공을 확신하게 되었다.

이렇게 4년간의 연습 끝에 다시 시도한 월식 관측과 촬영은 대성공으로 끝났다. 관측에 집중하느라 사진을 망친 것도 아니고 오히려 시시각각 변해가는 달의 모습을 트위터 계정을 통해 생중계까지 할 수 있었다. 월식의 변화 과정을 보며 정말 많은 사람들이 신기해하고 황홀해하는 모습을 보니 좋았다. 지나가다가 무엇을 찍느냐며 성큼성큼 다가오는 사람도 많았고 그분들께도 월식이 일어나는 장면을 보여드렸다. 생각보다 많은 사람들이 월식을 신기해하고 좋아하며 그 현상에 많은 관심을 가지고 있었다. 지나가던 길에 같이 하늘을 올려다본 이들부터 상황이 여의치 못해 인터넷으로 대리 만족을 하러 왔다는 스마트폰 너머의 사람들까지, 그날 우리는 한마음 한뜻으로 같은 곳을 바라보았다.

달은 이제 점점 지구의 그림자에서 벗어나 다시 제자리를 찾아가고 있었다. 못내 시원섭섭하고 아쉬웠지만 정말 후회 없이 월식을 담아내고 전해드렸기에 또한 후련했다.

월식이 끝나가는 과정까지도 심혈을 기울여 촬영하고 난 뒤에야 장장 네 시간을 서서 촬영하고 관측하느라 허리가 끊어질듯 아프다는 사실을 깨달았다. 하지만 끊어질 듯한 허리에 카메라와 장비를 주렁주렁 메고 집으로 돌아가는 길이 하나도 힘들지 않았던 것은 어째서였을까? 집으로 돌아가 그날 찍은 사진들을 편집할 생각에 기대가 되어서기도 했지만 그뿐만은 아니었다.

나는 그날 수많은 사람들이 내가 촬영하는 중간중간 트위터에 올린 월식 사진을 보고 공유하면서 쓴 감상평을 전부 읽어내려갔다. 사람들이 밤하늘에서 일어나는 일들을 잊은 것이 아니라, 여전히 우주에 관심을 갖고 천문 현상을 보면서 신기해하며 즐거워했다는 사실이 너무나도 기뻤다. 내가 우주를 가져다 드리는 일에 보람을 느끼게 해주는 모든 사람들의 곁에 항상 아름답고 신비한 우주가 함께하기를 바란다.

월식. 직접 촬영.

직접 촬영한 블러드문.

12
고개를 들면 볼 수 있는 것들

일식과 월식은 천체들 간의 멋진 컬래버레이션으로 유명한 현상이기는 하나 하늘에서는 이외에도 우리 모르게 크고 작은 천체들 간의 멋진 우주쇼가 벌어지고 있다. 이 글을 쓰고 있는 시점에서 마침 어제 저녁 밤하늘에도 달과 금성이 만나 그 자태를 뽐냈다. 각거리상으로 불과 2.4도 떨어진 거리에 위치했는데, 달과 태양의 지름이 각거리로 0.5도에 해당하니 하늘에서 두 천체가 달 5개 거리만큼 떨어져 보였다는 뜻이 된다. 달의 모습이 멋진 초승달이었던 이날 밤하늘에서 각각 밝기 1, 2위를 차지하는 두 천체가 붙어있어서였는지 많은 사람들이 지나가다가 하늘을 보고 감탄해 마지않으며 사진을 찍었다.

병원에 입원해 있어서 카메라를 사용할 수 없었던 나도 저녁 식사를 마치고 부리나케 달려 내려가 핸드폰 카메라를 통해서 사진을 찍었다. 하마터면 높은 병원 건물에 가려 보지 못할뻔 했는데 다행히 내가 입원한 병원의 본관과 별관 두 건물 사이의 낮은 건물 틈새로 절묘하게 달과 금성이 강렬한 빛을 내뿜고 있었다. '달 옆에서 엄청난 존재감을 내뿜고 있는 천체는 금성'이라는 나의 트윗에 역시 많은 사람들이 관심을 가지고 '어떤 천체였는지 몰랐는데 금성이었다니 신기하다'며 좋은 반응을 보여주었다.

이렇듯 일식과 월식이 아니더라도 밤하늘의 천체들은 꾸준히 우주쇼를 벌이고 있다. 수많은 태양계 천체가, 아니 태양계 바깥 천체들도 이런 식으로 밤하늘에서 만나 우리에게 신비한 모습을 뽐내곤 한다. 개기월식을 촬영할 때 월식 도중 천왕성이 달 뒤로 숨는 엄폐 현상이 소소하게 있었는데, 천왕성이 달 뒤로 사라지는 모습은 정말로 천왕성이 달보다 멀리 떨어져 있구나 하는 실감을 내게 안겨주었다. 목성과 토성이 0.1도 간격으로 만난 두 천체의 대접근 때는 차마 육안으로 두 천체를 구분할 수 없어서 카메라의 줌렌즈를 통해 분리해 봐야만 했다.

내가 생각하기에 이런 천체들 간의 컬래버레이션에도 끝판왕

목성과 토성의 근접. 직접 촬영.

이 있다. 이번 달과 금성의 근접이 있기 대략 1년 전, 새벽녘 동쪽 하늘에서는 행성들의 정렬이 있었다. 수성, 금성, 천왕성, 화성, 목성, 토성이 천구상에 일직선으로 줄지어 나타난 것이다. 뿐만 아니라 중간에 지구 주위를 공전하던 달까지 이 대열에 합류했으니, 그때 해 뜨기 전 새벽하늘은 일렬로 늘어선 태양계 천체들로 인해 장관을 이뤘다(사실 해왕성과 명왕성도 이 대열에 끼어있었으나 맨눈으로 관측할 수 없는 밝기 탓에 크게 주목받지는 못했다). 관측지인 지구를 제외한 행성 모두와 달까지, 그 모든 천체가 우주쇼를 벌였다고 해도 과언이 아니다.

태양계 행성들이 줄지어 밤하늘에 질서 있게 늘어서는, 아름다우면서도 신비로운 현상인 행성 정렬. 그런데 행성들이 대체 어떻게 정렬하게 된 것일까? 이번에 한번 제대로 줄서서 지구인들에게 멋진 우주쇼를 보여주자며 행성들끼리 파이팅이라도 외친 것은 분명 아닐 것이다. 이것 역시 태양계의 과거에 숨겨진 비밀이 있다.

행성들이 간혹 천구상에서 줄지어 서는 이유는 이들의 공전면이 거의 일치하기 때문이다. 이는 태양계가 생성될 당시 행성들이 태양의 '원시행성계 원반'에서 함께 탄생한 것이 원인이다. 원시행성계 원반은 태양이 탄생하고 남은 재료들이 태양 주위를 마치 LP판처럼 돌던 원반인데, 이곳에서 물질들이 중력으로 인해 서로 뭉치며 우리 태양계의 행성들이 탄생했다. 같은 원반에서 탄생했으니 그 공전면이 거의 일치하는 것은 어쩌면 당연한 일이다. 즉 행성들이 밤하늘에서 황도를 따라 정렬하는 모습을 보이는 것은 우리 태양계가 탄생할 당시 행성들이 같은 원반에서 태어났다는 증거이기도 하다.

단순히 행성들이 줄지어 서는 것에 신기함을 느낄 뿐만 아니라, 수십억 년 전 행성들이 탄생할 당시를 증명할 수 있는 현상이라는 점을 떠올리며 행성 정렬을 관측하면 마치 아득한 시간을 거슬러 올라가 행성들이 탄생하던 그때 그 현장에 있는 듯한 기분이 든다. 지구 주위를 돌며 중간중간 행성들의 정렬에 은근슬쩍 끼어드는 달의 모습은 덤이다. 사실 태양계 행성들이 원시태양계의 원반에서 탄생했다는 설명은 교과서 등에서 얼마든지 읽을 수 있다. 하지만 먼 과거에 그 일이 정말 일어났음을 보여주는 증거를 직접 관측하는 것은 전혀 다른 느낌과 감정을 건넨다.

지구도 다른 형제 행성들과 마찬가지로 태양이 만들어진 뒤 남은 재료들에서 빚어져 그들과 거의 비슷한 공전면을 돌고 있다. 다른 행성에 가서 보면 지구 역시 행성 정렬의 일원으로 밤하늘의 기나긴 줄에서 한 축을 차지할 수 있다는 것이다. 가까운 미래에 태양계의 다른 행성으로 진출해 밤하늘을 보게 된다면, 자신 역시 태양계 행성의 일원임을 증명하듯이 행성 정렬의 대열에 참여하고 있는 우리 고향 행성의 모습을 관측할 수 있지 않을까?

그러니 앞으로 또 이런 기회가 온다면 시간을 내어 태양계 천체들의 화려한 컬래버레이션을 감상해 보길 추천한다. 단순히 신기한 우주쇼가 아니라 정말로 먼 과거에 어떠한 일이 일어났음을 몸소 증명하는 일종의 증명 의식이라 여기고 하늘을 올려다보면 분명 과거를 보는 듯한 즐거움에 빠질 수 있을 것이다.

가능성은 높지 않지만, 만약 가까운 미래에 태양계의 다른 행성에서 행성 정렬을 볼 기회가 주어진다면 이 대열에 지구가 참여하는 장면을 꼭 관측하고 싶다. 우리의 고향 행성도 태양계의 엄연한 일원임을 몸소 느낄 수 있는 현상이 또 있을까?

***

나는 땅보다는 하늘을 보고 다니는 일이 더 잦다. 출근길에 집 대문을 열자마자 하는 일도 하늘을 쳐다보는 것이고, 집 앞 편의점에 무언가 사러 갈 때도 하염없이 하늘을 보며 걷는다. 천체 관측은 아름다운 천체의 모습을 보는 것만으로도 큰 가치가 있지만 내게는 조금 더 큰 의미를 갖는다.

내가 사는 세상은 지평선을 기준으로 위의 절반이 하늘이고 아래의 절반이 땅이다. 보이는 세상의 절반을 차지하고 있는 시간과 공간에 대해 관심을 갖지 않고 살아가는 것이 내게는 조금 어렵다. 고개를 들면 이 세상에서 가장 거대한 규모의 자연현상과 이를 이루는 천체들을 하염없이 볼 수가 있다. 내가 상상도 할 수 없는 크기의 우주 물체들이 서로 조화를 이루고 우주의 법칙에 따라 운행하는 모습을 고개만 들면 볼 수 있다는 사실…. 이러한 사실만으로도 이미 신비로운 이 존재들은 심지어 아름답고 황홀한 모습을 갖기까지 했다.

우리 대부분은 머리 위에 항상 천체라는 존재들을 두고 살아가지만 너무 익숙해져 버린 탓일까, 여기에 관심을 두고 살아가는 사람들은 많지 않다. 과연 그럴지도 모른다. 일식이 만약 한 달에 한 번씩 꼬박 일어나는 현상이었다면 사람들이 일식에 큰 관심을 가졌을까? 그저 한 달에 한 번 일어나는 월례 행사의 하나로 생각했을 것이다. 지금의 보름달이 그렇듯이 말이다. 그럼에도 나는 익숙한 천체들에마저 관심을 갖고 그들과 사랑에 빠지는 사람들이 많았으면 좋겠다.

고개를 들면 분명히 내가 몰랐던 우주의 신비한 모습들을 많이 마주칠 수 있다. 밤하늘에 별 볼일이 없기에 하늘에 관심이 없다고 하지만, 유성우를 접하는 순간 하늘에서 눈을 떼지 못하고 처음 마주한 은하수에 빠져 천문대에서 발을 옮기지 못하는 사람들을 나는 분명히 만나보았다. 망원경을 이용해 천체 하나하나를 살피며, 단순히 점으로 보였던 것들이 사실 저마다의 모습과 세상을 가지고 있음을 확인하면서 굉장히 신기해하는 이들도 있었다. 일식과 월식처럼 자주 찾아오지 않는 천문 현상들은, 나의 설명 한마디 한마디에 눈을 반짝반짝 빛내며 질문 세례를 던지는 사람들이 분명 우주를 사랑하고 있다는 내 믿음에 힘을 실어준다.

나와 함께 우주를 바라보던 그 모든 사람들이 각자 어떤 인생을 살고 어떻게 살아갈지언정, 밤하늘에서 일어나는 크고 작은 일들에 신비로움과 기쁨을 공유할 때만큼은 하나가 되어 같은 감정으로 하늘을 올려다보는 건 아마도 우리가 같은 우주에서 같은 별가루로 빚어진 동료 생명체이기 때문은 아닐까? 수많은 사람들이 공통분모로 가질 수 있는 뿌리가 있다면 나는 단연코 그것이 우주일 거라고 생각한다.

서로 의견이 다른 이들이건, 대립하는 이들이건, 하다못해 정반대 성향을 가진 물과 기름 같은 사이일지라도 우주를 보는 일에서는 같은 감정을 공유할 수 있으리라 믿는다. 어찌 되었건 우리 모두는 같은 우주에서 기원하여 태어난 존재들이니까. 우리는 똑같은 우주 법칙에 따라 운행하는 하늘의 별들을 보며 신비로움과 경탄스러움에 빠질 수 있다.

정말 제각각이고 다양한 사람들이 수없이 살아가는 세상이지만 적어도 우리 모두가 부정할 수 없는 공통분모를 고개만 들면 접할 수 있다는 사실은 내가 우주를 사랑하는 또 하나의 이유다. 그러니 나는 사람들을 찾아다니며 우주 이야기를 들려주고 우주를 곁에 가져다주고 하늘을 향해 손가락 펼치는 일을 그만둘 수가 없다. 나의 우주를 전해 받은 사람이 어떤 사람이건 간에 우주 앞에서는 그저 조그마한 푸른 점 위에서 찰나의 순간을 함께 살아가는 인연이니까.

13
날씨 너머의 일주운동

자세히 보면 하늘의 천체들은 시간이 흐르면서 위치를 옮겨간다. 이는 태양부터 시작해서 달과 행성들 그리고 멀리 떨어져 있는 별들 또한 그렇다. 이것을 보고 있자면 그 옛날 사람들이 하늘이 지구 주변을 돌고 있다고 생각한 이유를 알 것만 같다. 모든 천체가 동쪽에서 떠서 하늘을 빙 돌아 서쪽으로 지는 운동을 하고 있기 때문이다. 물론 이는 사실 하늘이 돌고 있는 게 아니라 지구가 자전하고 있기 때문임을 현대의 사람들은 잘 알고 있다.

이러한 천체들의 일주운동은 오늘날 우리에게 지구가 돌고 있다는 사실을 알려주는 직관적인 경험이 된다. 하지만 이런 천체들의 겉보기운동은 사람의 눈에 보일 만큼 빠르지 않다. 24시간 동안 한 바퀴를 도는 지구의 자전 속도에 따라 천구상의 천체들 역시 이러한 속도로 하늘을 일주한다. 한 시간에 약 15도씩 말이다. 한 시간 동안 가만히 하늘만 보고 있다 해도 과연 인간이 그 움직임을 포착할 수 있을까? 아마 하늘을 일주하는 천체의 움직임을 파악하기도 전에 목 근육에 경련이 와서 주저앉게 될 것이다.

천체사진가들은 이런 천체들의 움직임을 사진으로 담는 일주 사진 촬영을 즐겨 한다. 일주 사진이란 천구에서 별들이 움직이는 궤적을 사진에 담는 것으로, 이 일주 사진에는 지구의 자전을 따라 하늘을 일주하는 천체의 움직임이 보다 쉽게 와닿도록 기록된다. 나 역시 이런 일주 사진 촬영을 좋아해서 자주 찍고는 했는데, 다른 이유도 많았지만 별을 점상으로 찍는 것이 아닌 그 궤적 자체를 촬영하는 것이라서, 광공해에 잔뜩 오염된 서울의 하늘에서도 꽤 좋은 결과물이 나오기 때문이다. 점보다는 아무래도 선이 더 잘 보이는 법 아니겠는가.

물론 서울 바깥으로 나갈 수 있다면 더 좋겠지만 서울에 거주 중인 사정상 서울에서 촬영을 해야 한다면 나는 주로 집 근처의 서울숲을 애용하곤 했다. 인근 주민들이 피크닉을 즐기거나 운동을 하러 애용 중인 서울 도심지 속 이 작은 숲은 천체사진가에게도 작은 선물이 되어주곤 했다. 서울에서는 그나마 사방이 탁 트여있는 데다가 주변에 비해 어두워서 대도시에서 찍는 것 치고는 좋은 사진을 촬영할 수 있기 때문이다.

큰 공터에는 한가운데 커다란 나무 한 그루가 우뚝 서있는데 나는 이 나무를 피사체 삼아 북천일주 촬영을 즐겨 하고는 했다. 북천일주란 북쪽 하늘 별들의 일주 사진을 찍는 것으로 바로 이 북쪽 하늘에는 북극성이 있기에 북극성을 중심으로 거대한 원호를 그리는 별들의 모습을 찍을 수 있어 꽤 인기가 좋다.

나는 커다란 나무 꼭대기 위에 북극성 위치를 맞추고 나무 위를 뱅글뱅글 도는 별들의 모습을 주로 담았다. 보통 두세 시간가량의 일주 사진을 담았는데, 상황에 따라 노출값이 다르지만 별들이 충분히 담길 수 있는 수십 초가량의 노출 사진을 촬영한 뒤 이 사진들을 계속 여러 장 촬영해서 나중에 컴퓨터 프로그램으로 합성하여 일주 사진을 완성한다. 개별 사진으로는 점상으로 담긴 별의 사진이지만 이 사진들을 이어 붙이면 별들이 지나간 길을 따라 기나긴 궤적이 그려진 사진이 완성된다.

나는 이 작업을 위한 사진들을 촬영하느라 수십 초마다 한 번씩 셔터를 열었다 닫으며 찰칵대는 카메라 옆에 앉아 장비도 지킬 겸 밤하늘을 구경하고는 했는데, 이렇게 카메라에게 일을 시켜두고 옆에서 빈둥대며 밤하늘을 올려다보는 것은 꽤 묘미가

서울숲에서 직접 찍은 북천일주(위)와 일주 사진(아래).

있었다. 별들이 하늘을 일주하는 움직임을 맨눈으로 보기는 어렵겠지만 이렇게 카메라 옆에 앉아 중간중간 올려다보는 하늘의 별들은 내가 인지할 수 있을 만큼 위치를 바꾸어 가고 있었다. 나와 수많은 사람들을 비롯한 생명체들을 태우고 우주를 떠돌고 있는 이 세상이 빙글빙글 돌고 있다는 사실이 가장 와닿는 순간은 바로 이런 때였다.

오랜 시간 촬영을 하기에, 촬영을 시작할 때 지평선에 떠오르던 별이 촬영을 끝낼 때 즈음에는 꽤나 높은 고도에 올라가 있거나, 아예 반대편 하늘로 넘어가기 시작하는 별들도 있었다. 집에 돌아와 촬영해 온 사진들을 합성 프로그램에 업로드 해두고 다시 집 밖으로 나가 그새 위치가 변해버린 별들을 구태여 확인하는 것도 이 때문 아니었을까? 하늘이 돈다고 믿었던 옛 사람들에게든 사실은 우리가 올라타 있는 지구가 도는 것임을 알고 있는 지금 사람들에게든, 별들이 하늘을 매일같이 일주해 위치를 바꿔가는 것은 신비로우면서도 장엄한 광경일 것이다. 무엇이 돌건 거대한 세상이 돌고 있는 것은 매한가지일 테다.

다시 집으로 돌아와 확인한 컴퓨터 모니터에는 북극성을 중심으로 거대한 원호를 그리는 별들의 궤적이 그려져 있었다. 나는 이 사진으로 말미암아 우리 세상이 돌고 있다는 사실을 하늘을 보며 가슴 깊이 느껴보기를 감히 추천 드리고 싶다.

일주운동 사진 촬영은 분명 매력적인 촬영 방식이지만 여느 천체사진 촬영과 마찬가지로 꽤 오랜 시간에 걸쳐 찍어야 한다는 단점이 있다. 별이 지구 자전으로 인해 몇 시간에 걸쳐 하늘을 일주하는 모습을 찍어야 하니 그에 따라 당연히 촬영 시간도 오래 걸리는 것이 보통이다. 잠깐 찰칵! 촬영하고 말 것이 아니라면 이런 경우 천체사진에는 가장 큰 난적이 있다.

정의마다의 차이는 있겠지만 우주는 어쨌거나 당연히 대기 바깥의 공간이다. 때문에 우주를 보거나 촬영하려면 필연적으로 대기 현상에 영향을 받을 수밖에 없는데, 이 때문에 천체사진 촬영의 가장 큰 난적은 바로 날씨다. 만약 날씨가 좋지 않다면 어떤 장엄한 천문현상이 벌어지더라도 이것을 볼 수 없다.

광공해나 관측지 같은 경우는 이미 알고 있는 정보를 토대로 고려 가능하기에, 관측 또는 촬영 당일의 변수를 어느 정도 예상해 볼 수 있다. 만약 관측지의 사전 정보를 입수했는데 광공해 농도가 심하다면 그곳은 고려하지 않는 식으로 피해 가면 그뿐이다. 하지만 날씨는 정확히 예측할 수도 없을뿐더러 인간이 어떻게 해볼 도리가 있는 것도 아니다. 그리고 하필 천체사진은 촬영에 걸리는 시간도 길다. 만약 일주 사진 촬영 중에 날씨가 바뀌어 버리면 궤적이 중간에 끊기는 것이고, 긴 시간 노출을 줘야 하는 장노출 촬영 도중이라면 노출을 포기해야만 한다. 그러면 원하는 수준의 사진이 나오지 않을 가능성이 매우 높다.

이런 날씨와의 싸움은 아마 유구한 세월 동안 여러 천문인들의 웃지 못할 전통이 되어왔을 것이다. 오죽하면 날씨와 대기 간섭을 피하기 위해 우주 공간에다가 허블 우주 망원경 같은 망원경을 쏴 올렸겠는가. 하지만 날씨와의 싸움에서 인간이 할 수 있는 일이 별로 없을지라도 포기를 모르는 별지기들은 그들이 할 수 있는 모든 방법들을 시도해 본 끝에 기적적으로 날씨의 훼방을 물리치고 원하는 바를 이루어 내기도 한다.

겨울이 끝날 무렵의 어느 날 나는 여행도 겸하고 광공해가 덜한 곳에서 천체사진을 찍기 위해 순창에서 숙박업을 하고 있는 친구 집에 하룻밤 묵어가기로 했다. 장비를 많이 가져갈 수 없는 탓에 별이 일주운동으로 흘러가기 전 잠깐의 노출을 통해 촬영하는 점상 촬영과 아예 그 궤적을 따라가는 일주운동 촬영을 목표로 했고, 친구가 촬영을 위해 넓은 마당을 흔쾌히 내주었기에 광공해와 촬영지 문제는 모두 해결된 상태였다.

그러나 문제는 역시 날씨였다. 며칠 전까지만 해도 맑을 것으로 예상하던 일기예보가 당일 저녁부터 날이 흐려질 것이라 알리고 있었다. 그 일기예보를 접한 나는 밖으로 나가 하늘을 올려다봤지만 바깥 하늘은 쨍쨍한 햇볕 아래 구름 한 점 없이 맑았다. 불과 몇 시간 뒤에 저 하늘이 흐려진다는 사실이 믿기지도 않고 믿을 수도 없을 지경이었다.

일단은 할 수 있는 것이 없어 밤이 되면 직접 부딪혀 보기로 하고 친구와 회포를 풀며 저녁밥을 먹고 나니 어느새 밖이 어두워져 있었다. 하늘이 두꺼운 구름으로 온통 가려져 있을까 조마조마 마음을 졸이며 나가봤으나 하늘은 낮에 본 것처럼 여전히 맑고 영롱했다. 분명히 호재이기는 했지만 이 날씨가 또 언제 어떻게 바뀔지는 모를 일이라 나는 급하게 촬영 장비들을 챙겨 나와 세팅을 시작했다.

예상 촬영 시간은 세 시간 즈음이 걸릴 것으로 보였다. 촬영 시간 안에 구름이 몰려온다면 구름이 같이 찍힌 뒷부분을 잘라내거나 아예 사진을 통째로 포기해야만 했다. 이것이 저녁부터 자정 전까지의 촬영 계획이었고, 그 뒤로도 2차 촬영을 계획한 자정 이후 새벽 내내 구름이 걷히지 않는다면 촬영은 사실상 실패로 끝나게 될 것이다. 그러나 시시각각 변하는 날씨를 향해 내가 할 수 있는 것은 그저 일기예보대로 되지 않기만을 비는 것뿐이었다. 날씨가 부디 괜찮기만을 빌며 나는 카메라 세팅을 마치고 다시 방에 들어와 새벽에 할 점상 촬영과 두 번째 일주사진 촬영 계획을 정리하며 잠깐의 휴식을 취했다.

친구가 운영하고 있는 숙소는 꽤 고즈넉한 모습의 한옥 건물이었다. 이 모습에 반한 내가 밤하늘과 함께 그 건물을 촬영하고 싶다고 친구에게 부탁해서 숙소의 모습까지 고스란히 찍고 있었기에, 내가 날씨를 확인한다고 계속 들락날락하면 내 모습까지 전부 찍혀서 차질이 생길 수도 있었다. 날씨 상황이 매우 궁금하긴 했지만, 하물며 날씨 때문도 아니고 내 실수로 사진을 망치는 일은 결코 사절이었다. 결국 남은 할 일은 세 시간쯤 뒤에 나가 촬영이 제대로 되었는지를 확인하는 것뿐이었다.

그 세 시간 남짓한 동안에도 직접 나가서 날씨를 확인할 길이 없었다. 일기예보만 연거푸 확인해 봤으나 야속하게도 일기예보는 계속 하늘이 점점 흐려질 것임을 알리고 있었다. 그러나 그건 직접 보기 전까진 알 수 없는 일. 일기예보와 전혀 다른 하늘 촬영에 성공한 경험담들을 많이 들어왔기에 나는 작은 확률에 희망을 걸어보기로 했다.

기도와 일기예보 확인으로 어떻게 지나갔는지 모를 세 시간이 지난 뒤, 이쯤이면 촬영이 끝났겠다 싶어 드디어 촬영 결과물을 확인하고자 밖으로 나갈 수 있었다. 그리고 밖으로 나가자마자 보인 것은 뿌옇게 구름이 가득 껴 달조차 보이지 않는 아주 흐린 하늘이었다.

결과물은 완전히 엉망이었다. 카메라에 찍힌 하늘의 모습을 확인해 보니, 앞쪽에 잠깐 동안만 일주 사진이 찍혔고 그 뒤로는 순식간에 구름이 하늘을 뒤덮어 뿌연 사진들뿐이었다. 한 장에 30초씩 노출되어 찍힌 수백 장가량의 사진을 쭉 이어 재생해 보니 불과 몇 분 만에 구름이 몰려오는 것이 전부 보일 정도로 하늘은 순식간에 흐려졌다.

더 큰 문제는 일기예보에 따르면 다음 날 아침 직전까지 계속 흐릴 거라는 전망이었다. 이대로라면 새벽 관측 역시 물거품이 될 게 뻔했다. 심지어 아침에야 다시 하늘이 맑아진다니! 정말 야속하기 짝이 없었다. 하늘 상태를 보아하니 새벽에 맑아질 확률은 극히 적어 보였기에 일단 촬영 장비를 회수해서 숙소로 돌아와야만 했다. 첫 사진부터 망쳐버린 나는 그 이후로도 이따금 나가 날씨를 확인해 보곤 했지만 그날 밤에도 새벽에도 하늘은 결코 맑아지지 않았다. 나는 결국 촬영을 포기하고 이불에 누워야만 했다.

그러다 뜻밖의 기회가 찾아왔다. 촬영 실패로 인한 아쉬움을 가득 안은 채 맞은 다음 날 서울로 올라갈 채비를 하는 나에게 친구가 사진 촬영이 어떻게 되었는지를 물어왔다. 역시나 일기예보대로 날씨 때문에 실패했다고 하자 친구가 오늘 일기예보는 쭉 맑다던데 하루 더 묵었다가 다시 도전해 보지 않겠느냐고 제안을 해왔다. 마침 예약 손님이 없어 쉬려던 참이라는 것이다. 이런 기회를 마다할 이유가 있을 리가! 나는 염치불구하고 그대로 하루 더 묵어가기로 결심했다.

마침 일기예보는 오늘 하루 내내 날씨가 맑을 거라 이야기하고 있었다. 그렇다면 오늘 밤이야말로 기필코 촬영에 성공하리라. 촬영 장소와 날씨가 뒷받침해 준다면 남은 문제는 촬영자 본인과 광공해 정도에 달린 것이었다. 비록 이곳도 사람 사는 곳인지라 가로등이 아예 없을 수는 없어 주변의 빛을 완전히 차단하지는 못했지만 서울에 비하면 이곳은 거의 암흑천지라고 봐도 무방했다. 이 정도면 분명 성공할 만한 조건이라는 확신이 생겼다. 어제는 날씨에게 처참히 패배했지만 포기하지 않으면 오늘은 분명 해낼 수 있을 것이다. 사람이 정말 간사하게도 어제 날이 흐릴 것이라 알리는 일기예보를 봤을 때는 '일기예보는 믿을 게 못 된다'고 마음속으로 계속 다짐했는데 반대로 일기예보가 앞으로 쭉 맑을 것임을 보여주니 천군만마를 등에 업은 양 자신이 생겼다.

나는 편한 마음으로 해가 떨어지기를 기다리며 친구와 함께 즐겁게 휴식을 취했다. 드디어 해가 지고 내게는 이번 촬영의 마지막 기회인 두 번째 어둠이 찾아왔다. 조마조마한 마음으로 저녁밥을 먹고 나가서 확인한 하늘은 쾌청하기 이를 데가 없었다. 하룻밤 더 이곳에 머물기로 선택한 건 얼마나 잘한 일인가.

주저할 것 없이 장비를 세팅하고 구도를 잡아 촬영을 시작했다. 이것저것 세심하게 체크해 봤는데 이제 더는 촬영을 망칠 변수가 떠오르지 않았다. 갑자기 고라니라도 나타나 내 카메라를 들이박고 도망치는 게 아니고서야 지금 상태라면 충분히 만족스러운 결과물을 얻어낼 수 있을 것이었다. 문제가 모두 해결됐으니 이번에야말로 기필코 사진 촬영에 성공하고 서울로 돌아가리라 다짐했다. 지방으로 출사를 오는 게 생각보다 꽤 어려운 일이었기 때문이다.

전날 사진을 못 찍은 탓에 시간이 넉넉지 않았기에 어제보다 조금 적은 시간인 두 시간가량의 촬영을 마치고 성공했다는 확신을 가진 채 촬영 결과물을 확인하러 나갔다. 하지만 세상일이라는 게 언제나 내 생각대로 흘러가지만은 않는 법. 내가 생각하지 못한 복병이 하나 있었다. 카메라 렌즈에 뿌옇게 서리와 이슬이 잔뜩 맺혀있었던 것이다. 따뜻한 물로 샤워하고 나온 뒤의 화장실처럼 뿌옇게 촬영되어 버린 결과물을 보며 내가 미처 생각하지 못한 점을 발견했다. 일교차가 큰 지역에서는 렌즈에 이슬이나 서리가 맺힐 수 있기에 카메라 렌즈에 천체사진용 열선을 감아줘야 하는데 이것을 가져오지 않은 것이었다.

기껏 날씨와 광공해가 배려를 해주었건만 이런 초보적인 실수를 하다니! 하지만 불행 중 다행으로 시간은 자정도 채 넘지 않았고 두어 번의 일주 사진 촬영을 할 수 있는 시간이 남아있었다. 그럼에도 더는 지체할 시간이 없었다. 천체사진용 열선을 대신할 무언가를 찾아야만 했는데, 이것저것 대체품을 찾아 헤매던 나에게 순창에 동행한 또 다른 친구가 사용하던 붕대가 눈에 띄었다.

딱히 그것 외에 렌즈에 감을만한 마땅한 대체품이 보이지 않아 달리 방법이 없던 나는 카메라 렌즈에 붕대를 몇 겹으로 칭칭 감기 시작했다. 모르는 사람이 봤다면 불쌍한 카메라 렌즈가 상처라도 입은 것 같은 모습이었을 것이다. 이제 남은 것은 밤이 꽤 깊어 기온의 변화가 크지 않아 더는 이슬이 서리지 않을 것이라는 믿음과 함께 칭칭 감아둔 붕대를 믿고 촬영에 임하는 것뿐이었다.

나는 다시 카메라 세팅을 하고 방에 들어가 열선을 가져오지 않은 스스로를 매우 질책하며 시간을 보냈다. 그리고 다시 촬영 결과를 확인하러 나갔다. 만약 이슬이 또 맺혀있다면 이젠 더 이상 방법이 없을 것이었다. 이 새벽에 천체사진용 열선을 구할 방법은 어디에도 없었다.

또다시 조마조마한 마음을 붙잡고 카메라 전원 버튼을 켜보니 이번에는 정말 선명한 결과물이 한가득 들어있었다. 온갖 역경을 뚫고 드디어 촬영에 성공한 것이다! 이 조건대로라면 점상 촬영도 진행할 수 있을 정도였다.

결과를 확인하고 나니 안도감과 함께 온갖 감정이 밀려들기

순창에서 직접 찍은 일주운동(위와 아래).

시작했다. 만약 내가 날씨 때문에 촬영을 실패한 어제, 하루 더 도전하지 않고 포기했더라면? 이슬이 잔뜩 맺혔을 때 열선을 가져오지 않았다는 핑계로 촬영을 포기하고 그냥 잠들었다면, 별의 일주를 배경으로 한 아름다운 한옥 건물의 사진은 절대 얻을 수 없었을 것이다. 끝날 때까지는 끝난 게 아니라는 말이 떠오를 정도였다.

결국 마지막의 마지막에 가서야 성공적으로 촬영한 결과물을 손에 넣은 나는 이후로도 동이 트기 직전까지 점상 촬영을 몇 번 더 이어간 뒤 촬영 장비들을 들고 돌아올 수 있었다. 마침 잠이 깼는지 거실에 있던 친구가 마주치자마자 촬영 결과를 물었고 나는 자신 있게 촬영이 성공했음을 알릴 수 있었다.

14
태양들의 세계

우리가 태양도 밤하늘의 다른 별들과 마찬가지로 수많은 별 가운데 하나에 불과하다는 사실을 정확히 알게 된 것은 비교적 최근의 일이다. 지금이야 당연히 여겨지는 사실이지만, 아무것도 모른 채 지구에 던져지듯 탄생해 첫 의문을 품은 사람들에게 낮에만 떠오르며 거대하게 빛나는 태양과 반대로 밤에만 떠오르며 그저 작은 점일 뿐인 별들이 같은 존재임을 인지하는 것은 꽤나 어려운 일이었을 것이다. 설사 그들 중 누군가가 태양과 별이 같은 존재임을 생각해 냈다고 해도 그 시절에 이것을 증명할 방법은 없지 않았을까.

이제 대부분의 사람들이 태양 또한 별이며, 그 별들 또한 그들의 세계에서 태양으로 군림하고 있다는 사실을 알고 있다. 이 거대한 빛의 덩어리들이 그저 점으로 보이는 이유는 다른 별까지의 거리가 상상을 초월할 정도로 멀리 떨어져 있기 때문이다. 태양계를 떠나 태양이 아닌 첫 별을 마주치려면 빛의 속도로 4년이 넘는 세월을 날아가야만 한다. 이는 상상 속 우주 돛단배를 타고 태양계를 떠나기 시작한 우주 항해자들도 쉽게 가늠하기 어려운 거리일 것이다. 그럼에도 나는 바로 이웃한 별과 그 세상이 어떤 모습을 하고 있을지 너무 궁금해서 성간 우주를 건너지 않을 수가 없다.

우리의 가장 이웃한 별 프록시마센타우리는 어떤 곳일까? 이 별에서는 최근에 프록시마 b라는 외계 행성이 발견되었다. 어머니 별에 지구보다 약 20배나 가까운 거리에서 돌고 있지만, 별 자체가 태양과 비교하면 훨씬 작고 차갑기 때문에 그 행성은 생명체 거주 가능 영역인 '골디락스 존Goldilocks zone, Habitable Zone'의 범위 안에 있다. 바로 이웃한 별의 행성이 생명체 거주 가능 영역을 돌고 있다는 건 얼마나 놀라운 일인가. 게다가 이 별의 질량 추정치는 최소 지구와 비슷하거나 많아도 3배를 넘지 않을 확률이 매우 높다고 한다. 이렇다 보니 당장 우주선을 만들어서 프록시마센타우리로 항해를 떠나 어떻게든 외계 생명체와 만나야 하지 않을까 하고 생각하는 사람이 있을지도 모른다.

그러나 우주의 혹독한 환경이 매번 그러했듯이 생명체 존재 가능성에 회의를 품게 하는 문제들도 있다. 먼저 어머니 별에 너무 가까운 거리를 들 수 있겠다. 너무 뜨거워서? 상식적으로 별에 너무 가까운 탓이라고 한다면 작열하는 온도가 문제일 것 같지만 프록시마 b 행성의 경우에는 다른 문제가 있다. 이만큼 모항성에 가까우면 모항성의 조석력 때문에 행성의 공전주기와 자전주기가 일치하게 된다. 즉 우리의 달처럼 한쪽 면만 모천체를 바라보게 되는 것이다. 이렇게 되면 한쪽은 영원한 낮이고 반대쪽은 영원한 밤의 세계가 될 확률이 매우 높다.

그리고 또 다른 문제는 프록시마센타우리가 슈퍼 플레어(대폭발)를 자주 일으키는 섬광성이라는 사실이다. 이런 경우 이 불쌍한 행성의 대기는 몽땅 날아가고, 표면에 생명이 존재하더라도 바로 살균 처리될 것이 뻔하다. 이 정도면 지구의 환경에 다시 한번 뼈저리게 고마움을 느껴야 할 판이다.

물론 태양계 천체들을 여행할 때도 그랬듯이 낙관적인 상상이 때로는 발걸음의 시작이 되고는 한다. 만약에 이 행성이 두꺼운 대기를 유지해 냈고, 프록시마 b의 생명체가 영리하게 표면 밑의 지하에서 생활하는 방식을 선택했다면, 충분히 생명체가 살아갈 수 있는 환경을 제공할 수 있다. 비록 땅 밑에서의 생활이 순탄하지만은 않겠지만 지구의 생명체들에게서 볼 수 있듯이 꽤 혹독한 환경에서도 살아가는 존재가 생명 아니던가.

만약 프록시마 b의 땅속을 누비며 자신들만의 터전을 일구어 가는 어떤 생명체들이 이따금 밖으로 나와 밤하늘을 올려다본다면 태양 역시 그들의 별자리에서 한 축을 차지하고 있을 것이다. 프록시마 성계에서 태양은 W 모양으로 유명한 카시오페이아자리 곁에서 0.5등성의 밝기로 존재한다. 이는 우리 지구에서 보는 베텔게우스의 밝기와 비슷한 정도다. 그렇다면 그들의 밤하늘에서 카시오페이아자리는 태양을 더해 W 모양에 획이 하나 더 그어진 모습을 하고 있을 것이다. 보통 눈에 띄는 별들을 이어 별자리를 만들기 때문에 프록시마 성계에서는 태양이 카시오페이아자리의 하나로 불리고 있을지도 모른다.

이처럼 4광년이 넘는 거리에 떨어진 외계의 행성에서는 태양 역시 밤하늘의 점에 불과하다. 만약 프록시마 b의 생명체들이 그런 환경에서도 살아남아 밤하늘을 올려다보며 우리처럼 별들을 이어서 그들 신화에 이야깃거리로 삼고 있다면, 그리고 정말 만에 하나 태양도 자신들의 별처럼 또 하나의 별로 세상을 거느리고 있다는 사실을 알게 된다면, 그들 또한 광년의 거리를 넘어 상상의 우주 돛단배를 이끌고 우리 태양계를 방문해 주었으면 한다. 그들 또한 우리를 보며 즐거운 상상을 하고 있다면 이미 우리는 우주에서 서로를 수없이 지나친 것이나 마찬가지 아닐까?

우리는 매일 단 하나의 태양만을 보며 살고 있다. 한 하늘에 두 태양이 있을 수 없다는 말로 치고받으며 왕위 쟁탈전을 벌이던 옛 조상들의 말은 어찌 보면 당연했다. 우리 태양계에 별이라고는 오직 태양 단 하나밖에 존재하지 않는다. 그렇기에 우리에게 태양이라는 존재는 워낙 독보적이고 압도적인 단 하나의 천체로 다가왔을 것이다. 하지만 우주에는 홀로 항성계를 지탱하고 있지 않은 별들도 존재한다. 즉 태양처럼 단일성계로 존재하는 것이 아니라, 동료 별들과 함께 서로를 돌며 항성계를 구성하는 별들이 있다. 이를테면 밤하늘의 별 중에 가장 밝은 천체인 이웃 별 시리우스가 그렇다.

시리우스는 겉보기에는 단 하나의 별로 구성되어 있는 것 같지만 사실 오래된, 희미한 짝별이 하나 존재한다. 주성인 시리우스 A의 동반성 시리우스 B가 바로 그 주인공인데, 이 별은 이미 죽어버리고 남은 별의 핵, 백색왜성이다. 즉 죽은 별인 것이다. 지금은 주성인 시리우스 A보다 훨씬 어둡고 작아 존재감도 미미하고 과소평가 당하기 쉽지만 사실 생전의 시리우스 B는 태양의 5배에 달하는 질량을 가진 무지막지한 별이었다. 지금 주성인 시리우스 A가 태양의 2배 정도 질량을 가졌으니, 시리우스 B가 최후를 맞이하기 전에는 오히려 동반성이 아닌 주성으로 존재했을 것이다.

그런데 시리우스 B는 왜 생을 마감하고 희미하게 빛나는 핵만 남게 된 것일까? 별은 질량이 클수록 수명이 짧기 때문이다. 질량이 크면 그만큼 연료를 빠르고 격렬하게 소모하게 되는데, '짧고 굵게' 타오른다는 말이 딱 맞다.

죽어버린 별과 나란히 돌고 있는 별을 보면 이 항성계의 생전 모습이 역전되어 있었음을 생각해 보게 된다. 시리우스 B가 살아있던 시절 시리우스 성계의 모습은 어땠을까. 이곳에 행성이 있었다면 거대하고 밝은 두 별이 떠오르는 모습을 볼 수 있었을 것이다. 이렇게 쌍성계의 별들은 이미 죽어버린 동료와 서로를 도는 일련의 비극을 맞이하기도 하는데, 아마도 태양은 그저 혼자 쓸쓸히 식어갈 거라 생각하니 조금 섭섭한 마음도 든다.

이렇게 2개의 별이 서로를 도는 곳이 있다면 그보다 더 많은 별이 존재하는 곳도 있을까? 놀랍게도 있다. 다중성계로 불리는 성계들은 쌍성계보다 더 많은 별들이 서로를 복잡하게 공전하고 있다. 보통 쌍성계나 다중성계가 희귀하다고 생각하는 경우가 많은데 우주에는 쌍성계나 다중성계가 생각보다 매우 흔하다. 우리 태양계 가까이에도 수없이 존재한다. 정말 가까운 곳에도! 바로 태양계에서 가장 가까운 성계인 알파센타우리 성계부터가 삼중성계다. 바로 이 성계에 우리 태양에서 가장 가깝다고 말한 바 있는 프록시마센타우리가 속해있다.

알파센타우리 성계는 알파센타우리 A와 알파센타우리 B가 서로를 공전하고 이 두 항성을 중심으로 프록시마센타우리가 공전하는 형태를 띠고 있다. 또 우리에게 친숙한 예시를 하나 들자면 현재의 북극성인 폴라리스도 삼중성계다.

이런 다중성계의 별들이 여러 개로 보이지 않는 이유는 단순히 멀리 떨어져 있어 하나의 별로 보이기 때문이다. 촛불 여러 개를 가깝게 놓은 뒤 꽤 멀리 떨어진 곳에서 보면 하나의 작은 빛으로 보이는 것과 마찬가지다.

3개의 별이 서로를 도는 곳이라니, 이마저도 단일성계에 살고 있는 우리 입장에서는 놀랄 일인데 그보다 더한 동네도 있다. 쌍둥이자리의 알파성이자 신화 속 쌍둥이의 형으로 유명한 카스토르는 무려 육중성계다. 이곳 성계는 둘씩 짝 지은 총 3개의 그룹이 모인 것인데 이곳의 하늘이 어떤 모습을 하고 있을지는 상상조차 하기 어렵다. 이렇게 여러 짝별과 우주를 떠돌고 있는 별들의 세계를 보고 나니 태양이 문득 외로워 보이기도 한다. 그래도 태양계에는 멋진 행성과 아름다운 생명이 탄생했으니 좋은 게 좋은 거라 생각하고 싶다.

그런데 복작복작해서 얼핏 외롭지 않아 보이는 다중성계일지라도 태양과 같이 무시무시한 별이 여러 개 있다면 과연 생명이 탄생할 수 있을지에 대한 의문부호가 계속 따라붙는다. 이들이 서로를 공전하기 때문에 생명체가 탄생 가능한 범위도 뒤죽박죽 계속 바뀔 테고, 그렇다면 그곳에 있는 행성은 생명체가 존재 가능한 범위에 들어섰다 벗어났다 하며 끝내 생명 진화에 실패하고 말지도 모른다. 이렇게 생각해 보니 태양이 단일성계의 별인 것이 우리에게는 다행스러운 일이 되었다. 혹시라도 머나먼 곳 어딘가 여러 개의 태양이 떠오르는 곳에서 태동했을지도 모르는 외계 생명체에게는 미안한 말이겠지만, 그래서 나는 하나의 태양이 떠오르는 이곳이 너무나도 좋다.

수십억 년간 우리를 비춰온 것은 단연코 태양이다. 우리 지구인들은 하나의 별을 사랑하기에도 벅찬 곳에서 살고 있다. 그러니 여러 개의 태양이 떠오르는 멋진 곳이 아니더라도, 오늘의 삶에 감사하는 데는 하나의 태양으로 충분하지 않을까.

15
외계 행성

밤하늘의 별들이 사실은 모두 태양과 같은 존재들임을 자각하기 시작할 무렵 사람들은 지극히 당연한 생각을 했을 것이다. 우리 태양계에도 지구를 포함해 다양한 행성들이 어머니 별을 중심으로 돌고 있는데 다른 별의 주위라고 해서 그렇지 않으리란 법이 없다는 것이다. 이런 생각을 토대로, 외계 행성을 발견했다는 주장은 19세기부터 존재해 왔다. 물론 당시 기술력의 한계로 인해 확실히 외계의 행성이라고 검증된 것은 단 하나도 없었다.

태양계 바깥의 별들은 너무나 멀리 떨어져 있고 행성에 비해서 매우 밝다. 이런 별들의 주위를 도는 행성을 찾기에 당시 기술력으로는 역부족이었던 것이다. 마치 거대한 서치라이트 빔 곁을 날아다니는 자그마한 날파리를 멀리서 확인하기는 꽤 어려운 것과 비슷하지 않을까. 이는 20세기로 넘어온 이후에도 마찬가지였다. 미국의 천문학자 칼 세이건은 1980년에 발행된 저서 《코스모스》에서 우리 인류도 언젠가 태양계 밖에서 행성을 찾을 수 있을지 모른다는 말을 하기도 했다.

비교적 최근 시점인 1980년대까지만 해도 외계 행성은 이론상의 천체였다. 태양 주위에 행성이 8개나 있다면 분명히 다른 별에도 똑같이 그 별의 주위를 도는 행성들이 있어야만 했다. 그렇다면 최초의 외계 행성으로 검증받은 천체는 어디에 있었을까? 1992년 지구에서 처녀자리 방향으로 약 1,000광년 거리에 떨어진 중성자별 곁에서 행성 2개가 발견되었는데 이것이 추가 연구에 의한 검증을 통해 인류가 발견한 최초의 외계 행성이 되었다.

그런데 중성자별이란 이미 초신성 폭발을 마치고 남은 별의 시체다. 최초로 발견한 외계 행성이 초신성 폭발로 생을 마감한 죽은 별의 곁에서 발견된 것이다. 어쩌면 이 행성들은 별의 생전 그 곁을 돌던 가스 행성이 초신성 폭발로 인해 대기가 전부 날아가고 핵만 남은 것이거나 죽은 별의 잔해에서 재탄생한 행성일 것이라는 추측이 있다. 어떤 이유든 간에 죽은 별의 곁을 쓸쓸하게 돌고 있는 행성들이 우리 인류가 처음으로 발견한 외계 행성이었다.

그로부터 3년 뒤 페가수스자리 방향으로 50광년 떨어진 곳에서 드디어 우리 태양처럼 살아있는 별의 주위를 돌고 있는 외계 행성이 발견되었다. 페가수스자리 51 b로 명명된 이 행성은 어머니 별에 아주 가까운 행성이면서도 우리 태양계와 달리 목성과 같은 가스 행성이었기 때문에 꽤나 많은 관심을 받았다. 표면 온도는 섭씨 1,000도로 역시나 태양계에서는 접해본 적 없는 무시무시한 곳이었다. 태양계 행성들이 저마다의 특징을 가진 세상들을 가지고 있는 것처럼 태양계 바깥의 행성 역시 각자만의 놀라운 세상을 가지고 있었다.

처음이 어려웠을 뿐 기술의 발전으로 인해 인간은 놀라운 속도로 외계 행성들을 찾아내기 시작했다. 발견한 방법도 정말 기발하고 다양한데, 행성의 중력으로 인해 어머니 별이 흔들리는 것을 찾아내거나, 행성이 별을 가리고 지나가는 식 현상이 일어날 때 일시적으로 광도가 줄어들었다가 회복되는 것으로 행성의 존재를 유추해 내기도 했다. 이것 말고도 여러 가지 방법들이 있는데, 하나같이 어떻게 이런 생각을 해냈을까 싶은 기발한 것들뿐이다.

이제 지금까지 확인된 외계 행성의 수만 해도 무려 5,000개가 넘게 되었다. 수십 년 전 언젠가 인간도 외계의 행성을 찾아내고 말 것이라고 예견했던 칼 세이건조차 이 사실을 알면 얼마나 놀랄지 궁금하다. 더 나아가 수백 년 전 옛날 사람들이 별들도 사실 하나의 태양으로 지구나 태양계 행성들과 같은 그들만의 천체를 거느리고 있다는 사실을 알았다면 밤하늘을 조금 다른 의미로 올려다보지 않았을까?

이제 사람들은 여기서 더 나아가 지구와 비슷한 환경을 가진 외계 행성을 찾으려고 노력하고 있다. 다른 별들도 행성을 거느리고 있다면 지구와 같은 행성을 가진 별도 분명히 있을 것이다. 목성과 같이 거대한 행성이라면 찾기가 좀 더 수월하겠지만 지구처럼 작은 행성을 찾아내는 것은 난이도가 훨씬 높기 때문에 비교적 최근에 들어서야 지구와 같은 행성들을 찾기 시작했다. 그럼에도 사람들은 이미 지구와 비슷한 행성들을 여럿 찾아냈다.

대표적으로 케플러 452b는 지구와 아주 비슷할 것으로 기대되어 주목받고 있는 외계 행성이다. 이 행성의 어머니 별은 태양보다 20퍼센트 정도 더 밝고 10퍼센트 더 크지만 분광형(별빛을 스펙트럼에 따라 분류한 것)이 일치해 태양과 비슷한 별이라고 할 수 있다. 케플러 452b는 크기와 질량이 지구보다 크지만 1년이 385일로 지구와 불과 20일밖에 차이가 나지 않고 어머니 별과의 거리도 지구-태양 사이의 거리와 비슷한 수준이다. 이 정도면 지구보다 나이가 많고 몸집이 조금 더 큰 사촌형뻘 되는 행성이라고도 볼 수 있지 않을까.

사실 지구에서 이 행성까지의 거리는 1,400광년에 육박하기에 우리가 직접 가서 정말로 지구와 닮았는지 확인할 수는 없다. 하지만 분명 지구와 비슷한 행성의 발견은 다가오는 의미가 남다르다. 밤하늘의 별이 태양과 같은 천체라는 것을 모르던 시절 우리는 지구가 우주의 중심이고 지구만이 세상의 전부라는 생각을 가지고 살았다. 그로부터 태양계 바깥 수천 개의 다른 행성을 찾아내는 데는 불과 몇 세기밖에 걸리지 않았다.

인간은 이제 태양계 바깥에도 지구와 유사한 환경을 지닌 행성이 존재하고 있음을 안다. 그렇다면 우리가 이다음에 이뤄낼 놀라운 발견들은 대체 어떤 것들일까? 지금은 상상조차 하기 힘든 것들이 미래에는 수천 개나 확인되어 있을지도 모른다.

지구와 인간 세상이 우주의 중심이라는 생각보다, 이런 세상이 우주에 수도 없이 많다는 사실이 내게는 훨씬 매력적으로 다가온다. 직접 볼 수는 없더라도, 우리가 발견한 외계 행성들 가운데 지구와 비슷한 환경에 어쩌면 생명이 존재하는 곳이 있었으면 좋겠다. 같은 생각을 갖고 지구를 바라보던 누군가와 만나게 될 날이 올지도 모르니까.

16
형제 별의 생명들에게

태양은 우리 지구의 생명체들에게 생명의 원천이자 모든 에너지의 근원이다. 적당한 거리에서 어머니 별의 주위를 도는 행성이 얼마나 풍요롭고 아름다운지 우리 모두 알고 있다. 만약 태양과의 거리가 조금 가까웠거나 멀었다면 어땠을까 하는 상상의 결과를 우리는 두 이웃 행성의 모습을 보며 뼈저리게 확인할 수 있다.

금성과 화성은 지구와 함께 생명체 거주 가능 구역(골디락스 존)을 돌고 있지만 이러한 환경에도 두 행성은 지구와 달리 생명체가 존재할 수 없는 불모의 땅이다. 만약 머나먼 곳에서 외계의 천문학자가 우리 태양계를 관측하다 행성들을 발견했다면 금성과 지구와 화성 셋 중 한 곳에는 생명이 존재하리라고 생각할 것이다. 그러나 우주적 관점에서의 작은 거리 차이가 지구와 나머지 두 행성의 운명을 갈라놓았다.

물리적인 거리뿐만 아니라 시간에 의한 차이도 존재한다. 금성이 머나먼 과거에 지구와 같은 환경이었을 확률이 높다는 점은 지금 금성의 모습을 봤을 때 감히 상상하기 어렵다. 반대로 지구 또한 먼 미래에 금성과 같은 모습이 될 수도 있다. 이때는 태양이 나이가 들어 거대하게 부풀어 오를 것이기 때문이다. 그만큼 어머니 별의 존재는 작은 차이로도, 또 별이 살아가고 있는 시간대에 따라 행성의 환경을 크게 나눠버릴 수 있다.

그런데 문득 이러한 생각이 든다. 모든 행성이 어머니 별 주위를 돌며 따스한 열을 받고 있을까? 결코 그렇지 않다. 우주에는 모항성의 주위를 돌지 않고 홀로 어두운 성간 공간을 떠돌아다니는 떠돌이 행성이라는 것도 존재한다. 그 세계에는 태양이 없다는 얘기다. 그렇다면 이 행성들은 어쩌다 따스한 별의 온기를 받지 못한 채 우주 공간을 떠돌게 된 걸까.

먼저, 원래는 어머니 별에서 탄생하여 별의 주위를 돌고 있었지만 어떠한 이유로 항성계에서 튕겨져 나와 우주를 떠돌게 되었을 수 있다. 만약 지나가던 다른 별의 중력이 이 행성에 막대한 힘을 가했다면 어머니 별의 중력을 벗어나 우주 공간으로 내

팽개쳐질 수도 있다. 여태까지 발견한 행성들 가운데 우주에서 가장 나이가 많은 행성으로 유명한 므두셀라라는 천체가 바로 이러한 운명을 맞이할 것으로 예상된다. 이 행성은 별의 시체인 백색왜성과 중성자별 쌍성계의 주변을 돌고 있는데, 그중 백색왜성은 생전 이 행성의 모항성이었다가 중성자별의 막대한 질량에 끌려 이 행성을 데리고 쌍성계를 이루게 된 것으로 추측된다.

문제는 이들 항성계가 수십만 개의 별이 뭉쳐있는 구상성단의 중심부로 이동하고 있기 때문에 다른 별 근처를 스쳐 지나갈 확률이 매우 높다는 것이다. 이럴 경우 상대적으로 질량이 작은 므두셀라는 항성계에서 내쳐져 어머니 별을 잃고 우주 공간을 떠돌아다니게 될 것이다. '지금껏 발견한 우주에서 가장 나이가 많은 행성'이라는 수식어답게 우주의 나이에 필적하는 세월 동안 함께했을지도 모르는 별의 곁을 결국 떠나게 되는 것이다.

또 자체적으로 성간 구름이 뭉쳐서 떠돌이 행성이 만들어졌을 가능성도 있다. 이렇게 만들어진 떠돌이 행성들은 애초에 어머니 별이라는 존재를 접한 적이 없을 것이다.

이렇게 항성계에서 튕겨져 나왔거나 자체적으로 만들어진 떠돌이 행성들은 어머니 별이 존재하지 않기 때문에 낮이 있을 수 없다. 따뜻한 햇살이 없어 꽁꽁 얼어붙은 천체일 텐데 이런 곳에도 어쩌면 생명이 존재할 가능성이 있다. 앞서 소개했던 목성의 위성 유로파와 비슷한 경우로, 햇살이 닿지 않는 불모의 행성이라 표면은 얼어붙어 있겠지만 거대한 위성이 주변을 돌고 있다면 서로와의 조석 마찰로 인해 행성의 중심부는 아직 열을 지니고 있을지도 모른다. 이 경우 남아있는 지열 에너지가 행성의 물을 녹는점 이상으로 유지할 수 있어 액체 상태의 바다가 존재할 수도 있다. 태양이 없는 행성에도 생명이 태동할 가능성이 있다니 정말 놀랍지 않은가.

어머니 별이 존재하지 않는 이 행성들은 발견하기가 쉽지 않지만 아마도 우리은하에만 수십억에서 수조 개가 존재한다고 한다. 이들 행성계에 만약 생명이 존재하고 그 생명체들이 지표면에서 하늘을 관측할 만큼의 문명을 이루었다면, 그들은 과연 별을 어떤 존재라고 생각할까? 우리에겐 태양이라는 멋지고 훌륭한 비교 대상이 존재하지만 그들에게는 암흑천지의 하늘에 무수한 별들만 있을 뿐이다. 상상도 할 수 없는 거리에 떨어진 빛의 점들에 대해 그들이 어떤 생각을 품을지 궁금하다.

언젠가 우주를 떠돌던 어둠의 세상들 중 하나가 태양 곁을 지나다가 우리 지구인과 만나게 된다면 또 어지간히 방정맞은 입이 그새를 못 참고 물꼬를 트지 않을까 싶다. 별이란 무엇인가. 태양이란 무엇인가. 낮이란 어떤 현상인가. 그들과 다르게 빛의 세상에서 태동한 우리의 삶은 어땠는가. 그리고 마침내 나처럼 신나마지않은 그들을 통해 어둠의 세상에서 태동한 그들의 세계를 같이 여행하고 싶다.

밤하늘의 별들과 조금 친밀한 관계를 가지고 있다면 굉장히 친숙한 천체 집단이 하나 있다. 도심지에서도 맑은 날이면 맨눈으로 볼 수 있어 유명한 플레이아데스성단이 바로 그것이다. 겨울철 별자리인 황소자리에 속해있기 때문에 이 성단이 저녁 즈음 높게 뜨는 것이 보이면 겨울이 다가왔음을 실감할 수 있어 장롱에서 주섬주섬 겨울옷들을 꺼내기도 한다.

어찌나 잘 보이는지 옛날 사람들은 플레이아데스성단을 시력 측정에 사용하곤 했다. 별이 6개 보인다고 하면 보통의 시력을 가진 사람들이었고 7개 이상이 보이면 꽤나 좋은 시력을 지닌 것으로 보았다. 육안으로 보이는 성단이 옛날 사람들에겐 천연 시력검사표가 되어주었던 것이다. 그런데 저마다 하나의 점으로 보일 뿐인 다른 별들과 달리 플레이아데스성단을 비롯한 산개성단들은 어째서 별들이 오밀조밀 뭉쳐있는 것일까.

별들은 분자구름이라고 불리는, 먼지와 수소로 이루어진 요람에서 탄생하는데 이렇게 같은 분자구름에서 탄생한 별들이 뭉쳐 성단을 이루게 된다. 플레이아데스성단 역시 이처럼 같은 분자구름에서 탄생해 유아기를 보내고 있는 별들의 집단이다.

이 성단은 약 1억 년 전에 만들어진 것으로 추측되는데 중년기를 지나고 있는 태양이 45억 살을 넘긴 것에 비하면 (우주적 관점으로는) 이제 갓 요람을 벗어난 별로 볼 수 있겠다. 이 별들은 탄생 직후의 시점에는 이렇게 뭉쳐 밤하늘에서 성단으로 보이지만 평생 이렇게 함께 지내지는 않는다. 이런 산개성단들은 서로 느슨하게 묶여있기 때문에, 우주를 떠돌다가 다른 천체와의 중력적 상호작용으로 뿔뿔이 흩어지고 만다.

플레이아데스성단의 경우 2억5,000만 년 정도가 지나면 함께 탄생한 형제들을 떠나 뿔뿔이 흩어져 은하수 속으로 제 갈 길을 찾아 떠날 것이다. 우리 인간이 그때까지 존재할지는 모르겠지만 먼 미래가 되면 플레이아데스성단은 흔적도 온데간데없이 점점 흩어져 가는 별들만 볼 수 있을 것이다. 사실 이렇게 서로를 떠나는 별들의 모습을 보는 건 먼 미래까지 가지 않더라도 지금도 얼마든지 가능하다. 이미 이렇게 흩어지고 있는 별무리를 우리는 잘 알고 있다. 모르는 사람이 없을 정도로 유명한 이 별무리는 바로 북두칠성이다.

북두칠성은 국자 모양을 하고 있는 것으로 유명하며, 일곱 구성원 중 양옆의 두 별을 뺀 나머지 별들은 과거에 같은 요람에서 탄생한 산개성단의 구성원들이었다고 추정된다. 즉 북두칠성은 먼 과거에 플레이아데스성단처럼 한 요람에서 태어난 형제 별들이었다가 슬슬 서로를 떠나 우주 공간으로 흩어지고 있는 중이라는 얘기다. 이들의 평균 나이는 약 5억 년으로 이제 막 요람을 떠나 각자의 삶을 살아갈 때다. 따라서 북두칠성은 시간이 지나면서 서서히 모습이 변하고 있는데 앞으로 5만 년이 지나면 지금의 모습을 잃게 될 것이다.

그렇다면 우리의 태양은 어떨까. 이미 중년기에 접어든 태양은 탄생한 곳에서부터 너무 멀리 와있다. 태양과 같은 요람에서 탄생한 형제 별들은 은하계 곳곳에 흩어져 있다. 은하에는 수천억 개의 별이 있는데 아주 먼 과거에 광활한 은하 이곳저곳으로 흩어져 버린 태양의 형제들을 추적하는 일은 매우 어려울 것이다. 물론 이러한 어려움 속에서도 태양의 형제 별로 유력한 천체가 있다. 헤라클레스자리의 HD 162826이라는 별이 그 주인공인데, 이 별은 태양과 나이도 비슷하고 구성 성분도 동일하며 심지어 은하 중심을 공전하는 궤도를 역으로 계산까지 해본 결과 태양의 형제 별이 거의 확실하다고 한다. 정말 이 별이 태양과 같은 요람에서 태어나 우주로 흩어져 나간 형제가 맞다면 반갑기 그지없는 일이다.

은하계 어딘가에 있을 우리 태양의 형제 별들이 어떤 모습을 하고 있을지 문득 궁금하다. 헤라클레스자리의 HD 162826처럼 형제 별들에도 태양계와 같은 행성들이 만들어져 어머니 별

NGC 869, NGC 884

페르세우스자리

플레이아데스성단. 직접 촬영.

을 돌고 있을지도 모른다. 어쩌면 그들의 세상에서도 지구와 같은 행성이 탄생해 그곳에서 생명이 잉태되고 생각과 의식을 가진 생명체로 진화하지는 않았을까?

머나먼 과거에 같은 요람에서 태어난 별들이 똑같이 생명을 품는 행성들을 만들어 냈다면 굉장히 벅찬 일이 될 것 같다. 가만히 생각해 보니 우주 어딘가에 존재할지 모르는 형제 별의 생명체들이 잘 지내주었으면 하는 이상한 형제애가 생긴다. 미지의 생명을 향한 이상하고 엉뚱한 형제애조차 재미있고 흥미롭게 다가오기 때문에 상상의 우주여행이 즐거운 것 아닐까. 아주 만약 형제 별의 생명체들이 존재하고 그들도 나와 같은 상상을 하고 있다면 꼭 우주 어딘가에서 상상 속 돛단배를 타고 그들을 마주치고 싶다.

17
고향 행성으로 회항하며

우리은하에는 정말로 다양한 세상이 존재한다. 은하 하나에 별이 수천억 개 존재한다고 하니 어느 곳을 가도 독특한 개성을 가진 세계가 있을 것이다. 인류가 100년 전까지만 해도 우리은하가 우주의 전부일 거라고 생각한 것도 언뜻 이해가 간다. 하지만 우주는 우리의 상상 이상으로 넓고, 은하의 수도 은하에 속한 별의 수만큼이나 많다.

1995년 허블 우주 망원경의 총책임자였던 천문학자 로버트 윌리엄스는 아주 엉뚱한 아이디어를 낸다. 바로 아무것도 없는 우주 공간을 찍어보자는 것이었는데 목성도 아니고 토성도 아니며 별이나 은하계도 아닌, 말 그대로 새카만 빈 공간을 찍겠다는 것이었다. 당시 허블 우주 망원경은 가동하자마자 발견된 문제를 해결하기 위해 돈을 쏟아부은 물건인 데다 전 세계 천문학자들이 사용해 보기 위해 줄을 서고 있었다. 그런데 아무것도 없는 캄캄한 공간을 촬영하겠다고 무려 열흘 동안이나 망원경을 사용한다고 했으니 쓸데없는 짓이라는 소리를 듣는 것도 무리는 아니었다. 당시는 그저 검은 배경일 뿐인 우주에 어떤 세상이 펼쳐져 있을지 상상조차 못 하고 있던 상황이었다.

어떻게든 망원경 사용을 허가받은 윌리엄스는 1995년 크리스마스 휴일 동안 큰곰자리의 별이 적은 한 지점을 촬영한다. 이때 촬영한 면적은 전체 하늘 면적의 2,400만 분의 1로 정말 엄청나게 작은 구역이었다. 이것은 100미터 떨어져서 바라본 테니스공의 면적과 비슷한 수준이다. 이렇게 좁은 우주의 한 구역을 촬영한다고 뭐가 나올까? 내가 당시 사람이었다고 해도 빈 공간을 촬영하겠다는 생각을 좋게 여기지 않았을 것이다. 그러나 촬영의 결과물은 사람들을 전부 뒤집어 놓고야 말았다.

바늘구멍보다 작은 우주의 한 구역을 촬영한 결과 무려 3,000개의 은하가 찍혀있었던 것이다. 별 3,000개가 아니라 은하 3,000개였다. 사람들은 경악한 나머지 혹시 은하가 많이 몰려있는 특정한 구역을 촬영한 것이 아닌가 하고 다른 구역들도 촬영해 보았지만 결과는 똑같았다. 우주 어느 곳을 촬영하더라도 그곳에서 은하가 빼곡히 나타났던 것이다. '허블 딥 필드Hubble Deep Field'라고 불리는 이 사진은 후속 관측으로 이루어진 '허블 울트라 딥 필드Hubble Ultra Deep Field'와 함께 허블 우주 망원경이 찍은 가장 유명한 사진이 되었다. 후속 관측으로 이루어진 허블 울트라 딥 필드의 경우에는 무려 1만 개의 은하가 촬영되었다.

상상으로도 헤아리기 힘든 이 어마어마함을 어떻게 전해야 할까. 이 은하들이 100미터 떨어져서 본 테니스공만 한 면적에서 쏟아져 나온 것이라는 사실이 도무지 믿기지 않는다. 지구에 존재하는 모래알의 수보다 우주에 존재하는 별의 수가 더 많다는 말이 괜히 나온 게 아니었다. 우리가 만약 먼 미래에 성간 여행을 뛰어넘어 우리은하 바깥의 다른 은하로 갈 수 있을 정도의 기술을 갖추게 된다고 해도 이 은하들을 전부 여행하는 것은 도저히 불가능하지 않을까.

규모도 규모지만 이 사진에서는 시간의 광대함도 느낄 수 있다. 여기에 촬영된 은하들은 정말 먼 거리에 있는 은하들이다. 광속이 유한하기에, 다른 천체들이 그렇듯이 이 은하들도 아주 오래전의 모습을 우리에게 보여주고 있는 것이다. 그중에는 120억 년 전의 은하도 있는데, 우주의 나이가 약 138억 살쯤으로 여겨지니 이를 통해 우리는 우주 초기의 천체 모습을 볼 수 있다.

허블 딥 필드(위)와 허블 울트라 딥 필드(아래). 허블 딥 필드 왼쪽 상단의 검은색 모자이크는 해당 센서만 화각이 달라서 찍히지 않은 부분이다. 사진 출처: NASA.

하늘을 2,400만 개로 쪼개 그중 하나를 바라보니 수천 개나 되는 먼 과거의 은하가 모습을 드러냈다. 인간의 상상력에는 끝이 없다지만 항상 상상력의 한계를 넘어서는 대자연의 모습 앞에서는 감탄을 금할 길이 없다. 이런 말도 안 되는 규모를 보기만 해도 내가 어떤 세상을 상상하든 우주 어딘가에 그 세상이 존재할 것 같다는 생각에 힘이 실린다.

이제 점점 우주의 크기와 시간의 광대함을 실감하기 시작한 우리는 앞으로 어떻게 우주를 향해 나아가야 할까? 비록 우주가 인간의 상상을 뛰어넘는 어마어마한 곳일지라도 밤하늘 어딘가에 사람들의 상상력이 미치지 못할 곳은 없다. 옛사람들이 상상해 오던 우주에서 그 너머를 생각한 사람들에 이끌려 우주가 점점 확장되어 온 만큼 앞으로도 누군가가 이 상상의 힘으로 우리를 더 넓은 우주로 이끌어 갈 것이다. 이 힘에 이끌려 지금도 감탄해 마지않을 우주 너머의 더 넓은 우주, 더 다양한 우주를 마주할 수 있을지도 모른다는 희망으로 나는 오늘도 밤하늘을 올려다본다.

***

우리은하를 비롯해 은하 바깥의 세상까지 마주하고 나니 불현듯 다시 지구가 그리워진다. 우리는 아직 지구 바깥에서 생명을 발견한 적이 없다. 우주를 항해하는 돛단배가 닿는 어떤 곳이건 손을 흔들어 주는 상상 속의 누군가가 있었을지언정 실제로 그들을 만나본 적은 없다. 이 광대한 공간을 가슴 벅차게 여행하고 나면 금방 다시 푸른빛의 지구가 떠오르는 이유는 이것 아닐까.

우주의 광대함을 이해하면 이해할수록 아이러니하게도 여기 한켠에 생명을 품고 쓸쓸히 태양 주위를 돌고 있는 지구와 지구의 생명체들이 괜히 외로워 보이곤 한다. 우리는 정말로 이 우주에서 혼자일까? 우리가 던지는 이 질문도, 같은 질문을 던지고 있을 어떤 이들의 외침도 서로 닿기에 우주는 너무 광막하고 오래되었다.

지구 바깥 신나는 우주여행도 좋지만 결국 항해를 마치고 다시 돌아올 곳은 여기 푸른 행성 지구다. 돌아오는 길에 바라본 지구의 모습은 아름답지만 그 세세한 곳을 들여다보면 위태롭기 짝이 없다. 인류의 존속을 위협하는 수많은 불화와 이기심들이 지구 안에서 끊이지 않는다. 지금도 전쟁 때문에 많은 사람이 죽어가고 있으며, 우주와 관련해서 위대한 발견을 수없이 하고도 정작 핵무기라는 자멸의 늪 위에서 서로에게 삿대질하고 있다. 인간의 편의를 위해 대기로 흩뿌려진 엄청난 양의 온실가스는 이제 기후재난을 통해 인간을 위협하며 점점 그 모습을 드러내고 있다.

상상 속 여행이 실현되고 우리 인간이 우주로 나아가려면 필연적으로 지구라는 행성과 인간 문명부터 지켜야 한다. 외연의 확대를 이루려면 내부 결속이 선행되어야 하는 게 당연하다. 만약 지구가 사람이 살아갈 수 없는 불모의 행성이 된다면 어디로 도망칠 것인가. 아직까지 지구 바깥 우주의 어디에도 우리 인간을 비롯한 지구의 생명체를 받아줄 곳은 없다. 자기 자신이 잉태된 행성부터 지킬 줄 모르는데 어떻게 우주로 진출해 문명을 발전시키고 화려하게 번성할 수 있을까? 우리가 우리 행성을 지켜내지 못하면 미래는 장담하기 어렵다.

말이야 쉽다고는 하지만 어쨌건 우리 인간은 해내야만 한다. 전쟁을 멈추고, 서로를 향한 삿대질을 그만두고, 평화와 화합의 세계를 만들어야 한다. 당장의 편리함과 이득을 위해 대기 중에 온실가스를 쏟아붓는 일도 줄여나가고 종국에는 그만두어야 한다.

기후위기를 경고하는 사람들이 할 일이 없어서 무슨 음모론을 펼치고 있는 것이 아니다. 바로 지척 이웃 행성들만 봐도 그 이유를 알 수 있다. 태양에 가장 가까운 수성보다 금성이 더 뜨거운 이유는 바로 온실효과 때문이다. 금성이 수성보다 태양에서 더 멀리 떨어져 있음에도 대기 중의 이산화탄소가 금성을 수성보다 더한 불지옥으로 만든 것이다. 자매 행성의 끔찍한 환경이 당장 우리 지구인에게 메시지를 전하고 있다. 고작 음모론을 펼치려고 금성의 환경을 조작할 능력이 인간에겐 없다. 이 모든 것은 그저 사실일 뿐이다.

단 하나뿐인 고향 행성과 그 위에 살고 있는 우리가 여러 가지 위험에 직면해 있는 지금 어떤 길을 선택해야 하는지는 너무나도 명확하다. 이 드넓은 우주에 동족이라고는 이 작디작은 행성 위의 서로가 전부인 상황에서 조화롭고 이타적이지 못하다면 인류는 결코 손을 맞잡고 우주를 향해 나아갈 수 없을 것이다. 우주로 뻗어나가는 미래에 일말의 기대감이라도 걸어보았다면 우리가 서로를 지켜야만 한다. 그리하여 기나긴 항해를 끝마치고 돌아온 지구의 모습이 여전히 푸르고 생명체가 살기 좋은 낙원 같은 모습이었으면 좋겠다. 이곳이 바로 우리가 탄생하고 살아온 유일한 고향 행성이니까.

천문이라는 이름에 빠져 혼자만의 우주 항해를 다닐 무렵의 나는 우주 이곳저곳으로 상상의 여행을 떠나며 신비로움과 경이로움을 느꼈다. 하지만 이러한 감정들에 휘둘리기 바쁜 와중에도 왠지 모를 외로움이 항상 그 끝을 장식하고는 했다. 상상을 마치고 지구로 돌아와 올려다본 밤하늘에는 내가 홀로 여행을 떠났던 세상들로 이어진 외로운 항적航跡만이 있을 뿐이었다. 혹시나 자신만의 상상 속 항해를 되짚어 보는 다른 이가 있을까 싶어 둘러본 주변에는 땅을 내려다보며 제각기 바삐 갈 길을 가는 사람들뿐이었다.

정말로 내가 좋아하는 것에 대해 같이 이야기할 사람은 없는 걸까. 분명히 꽤 어린 시절이었음에도 나는 결코 그렇지 않을 거라고 확신했다. 우리 모두가 별에서 기원했다면, '우리는 어디에서 왔는가' 하는 질문에 대한 가장 직관적인 정답은 하늘에 있기 때문이다. 바로 우리의 기원이 고개만 들면 밤하늘에서 빛을 발하고 있지 않은가.

이러한 확신에도 나는 꽤 오랜 기간 우주로 혼자만의 항해를 떠났던 것 같다. 하지만 역시 기원을 향한 물음에 같은 답을 생각했던 사람은 나뿐만이 아니었는지, 인터넷을 통해 조금씩 동료 항해자들을 찾아 혼자만의 외로운 우주 항해를 끝내고 머나먼 다른 세계로의 여정을 함께 떠날 수 있었다. 그 시절부터 맺어진 인연은 아직도 이어져 그중 누군가는 천문대에서 별을 안내하는 사람이 되었고, 또 다른 누군가는 천문학과에 진학해 학자가 되려는 발걸음을 떼고 있다.

어쩌다 밤하늘에서 우주쇼가 펼쳐지는 날이면 바쁘게 각자의 삶을 살던 사람들에게서 안부와 함께 밤하늘을 향해 손가락을 뻗고 있다는 연락들이 속속 전해지곤 했다. 몇 년간 연락이 없다가 돈이 필요하다며 갑자기 연락해 온 사람들처럼 오랜만에 연락해서 뜬금없이 오늘 유성우를 보았느냐고 묻는 것이 조금 뻔뻔하게 느껴질 정도지만, 나는 그런 뻔뻔함이 반갑고 즐겁다. 오랜만에 연락해 온 그들의 시선이 밤하늘을 향하고 있기 때문이다.

20년에 가까운 시간 동안 동료 별지기들은 각자의 삶으로 뻗어나갔으면서도 밤하늘을 향한 사랑을 결코 멈추지 않았다. 스스로를 별지기라고 생각하는 모든 이들이 그런 인생을 살고 있다. 나 역시 나만의 방식으로 그렇게 살아온 것 같다. 생애 처음 우주를 향한 상상의 항해를 떠나 밤하늘에 외로운 항적 하나를 그리기 시작한 날부터…. 같은 것을 사랑하는 사람들을 모아 함께 이야기 나누고, 마침내 수많은 사람들이 살면서 한 번쯤 고개를 올려 하늘을 바라볼 수 있게 하는 그런 인생. 함께 별을 바라봐 온 친우들이 각자 자신만의 방식으로 사람들에게 밤하늘을 소개하고 있는 것처럼 나도 사람들에게 나만의 방식으로 밤하늘을 소개하는 사람이 되었다.

나와 내 주변 별지기들뿐만 아니라 내가 알지 못하는 더 많은 사람들이 머리 위로 손가락을 뻗으며 상상할 수 없을 정도로 많은 우주 너머의 세계들에 대해 이야기하고 있다. 그들도 다른 사람들에게 보여주고 싶은 그들만의 항해일지를 마음속에 가지고 있을까?

이 책은 내가 우주를 수없이 항해하며 생각해 온 것들을 적은 나만의 작은 항해일지다. 이것을 통해 밤하늘을 사랑하는 지극히 평범한 한 사람이 어떤 방식으로 우주를 사랑하고 있는지 말하고자 한다. 이 항해일지를 읽고 내가 우주를 사랑하는 방식에 공감하거나 아니면 그와 다른 자신만의 방법을 찾는다고 해도, 어떤 방식으로건 우주의 바다에 작은 배를 띄우고 앞으로 나아가길 선택하는 사람들이 많아졌으면 좋겠다. 어느새 하늘을 뒤덮은 수많은 우주 돛단배의 항적을 보고 주변의 많은 사람들이 땅이 아닌 하늘을 바라보는 날이 많아지게 되면 주체할 수 없는 보람을 느낄 것 같다. 그리고 언젠가 이런 항적들을 그린 항해자들 가운데 어떤 사람이 정말로 우리를 우주 너머로 이끌어 가게 될지도 모른다.

더 이상 홀로 외롭지 않게 우주의 바다를 함께 항해해 주신 별지기분들, 나의 작은 천문 이야기를 듣기 위해서 내 천문 계정을 지켜봐 주시는 모든 분들, 이 책이 세상에 나올 수 있게 도움 주신 분들과 그리고 어쩌면 앞으로 어떤 이유로건 하늘을 올려다보고 항해에 동참해 주실 미래의 모든 지구인 여러분에게 감사의 마음으로 작은 우주 항해일지를 전한다.

2부.

당신의 곁에 우주를 가져다드립니다

–천문 TMI

1. 1972년 아폴로 17호에서 바라본 푸른 지구(The Blue Marble)

'태양계에서 가장 큰 암석'이라고 하면 뭐가 떠오르시나요? 곰곰이 생각해 보니, 당연하게도 우리가 사는 지구입니다. 지구는 수성과 금성 그리고 화성을 비롯한 태양계의 암석형 행성 중에서 가장 크며, 질량 또한 나머지 세 암석 행성을 합친 것보다도 큽니다. 태양계에서 지구보다 큰 천체는 목성 같은 가스형 행성이나 별인 태양밖에 없습니다. 지구도 나름 태양계에서 큰 자리를 차지하고 있네요!

※사진 출처: NASA

2. 지구의 나무

사실 지구에 존재하는 나무의 수가 우리은하에 존재하는 별의 개수보다 많습니다. 우리은하에는 많아도 약 수천억 개의 별이 존재할 것으로 추정되지만 지구에는 무려 3조 그루 이상의 나무가 있을 것으로 예상하고 있습니다.

※사진 출처: Jorge.kike.medina

3. 관측 가능한 우주

관측 가능한 우주의 둘레를 재는 데에는 원주율의 39자리만이 필요합니다(3.14159265358979323846264338327950288420). 이때 발생하는 오차의 크기는 수소 원자의 직경보다도 작습니다.

π

3.141592653
5897932384
6264338327
9502884197
169399375 …

4. 별이 십자 모양으로 빛나는 이유

몇몇 우주 사진들을 보면 별들이 십자가 무늬의 퍼져나가는 빛으로 찍히는 것을 볼 수 있습니다. 별이 정말로 십자가 모양으로 빛나는 것일까요?
물론 그것은 아니고, 광학기기의 구조적 특징 때문에 일어나는 현상입니다. 이런 우주 사진들을 반사망원경을 통해 촬영하는 경우 이 반사망원경들의 내부에 십자가 모양의 거울 지지대가 있어 빛이 십자가 모양으로 회절을 일으키게 됩니다. 이것이 우주 사진에서 별들이 하나같이 십자가 모양으로 빛나는 이유입니다. 대표적으로 우리가 잘 알고 있는 허블 우주 망원경 역시 반사망원경이기 때문에, 허블 우주 망원경이 촬영한 우주 사진의 별들은 이런 십자가 무늬를 띠게 됩니다. 사진은 허블 우주 망원경으로 찍은 산개성단 NGC 290입니다.

※사진 출처: NASA

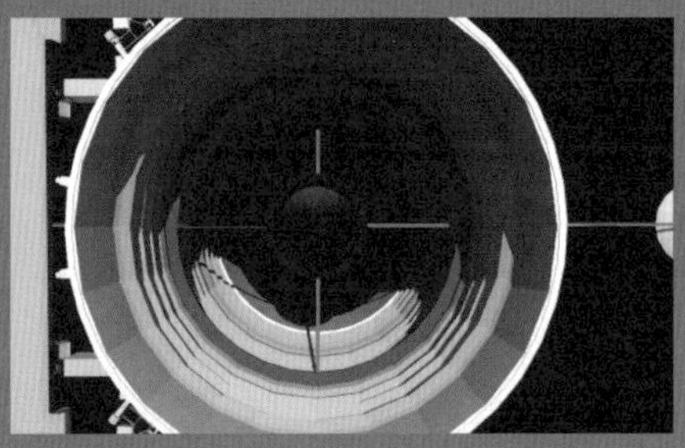

5. 타란툴라 성운

제임스 웹 우주 망원경이 촬영한 타란툴라 성운의 모습. 타란툴라 성운은 우리은하 바깥의 대마젤란은하에 위치한 성운으로 폭발적으로 별이 태어나고 있는 곳입니다. 이 성운은 굉장히 밝은 편인데 만약 오리온 성운 위치에 타란툴라 성운이 있었다면 성운의 빛으로 밤에 그림자가 드리웠을 것입니다. 오리온 성운 역시 약 1,300광년 거리에 있음을 감안하면 엄청난 밝기입니다. 아쉽게도 타란툴라 성운은 우리은하 바깥으로 16만 광년 거리에 위치하기 때문에 실제로 이런 모습을 보기는 어렵습니다.

※사진 출처: NASA

6. 우주에서는 트림을 할 수 없다

우주에서는 지구에서처럼 트림을 할 수 없습니다. 위장의 음식물이 중력의 힘으로 가스와 분리될 수 있는 지구의 환경과 달리 우주에서는 이것들이 혼합된 상태로 둥둥 떠있기 때문입니다. 그렇기 때문에 만약 우주에서 트림을 하게 된다면 위장의 음식물이 쏟아져 나올 수 있습니다. 사진은 러시아의 소유즈 TMA-7 우주선입니다.

※사진 출처: NASA

7. 은하수

우리은하에는 무려 수천억 개의 별이 있습니다. 그렇다면 우리은하에서는 한 해에 몇 개의 별이 탄생할까요? 족히 수천 개의 별이 탄생할 것 같지만, 우리은하에서는 매년 6~7개의 별만이 탄생할 것으로 여겨지고 있습니다.

※사진 출처: NASA

8. 스타샷 프로젝트

스타샷 프로젝트는 인류 최초로 다른 별에 탐사선을 보낼 것으로 점쳐지는 계획입니다. 불과 몇 그램에 불과한 질량을 지닌 스타칩(Starchip)이라고 불리는 탐사선들은 지구에서 쏘아 올린 고출력 레이저를 통해 나아가는데, 광속의 20퍼센트까지 가속되어 불과 나흘 만에 인류가 가장 멀리 보낸 물체인 보이저호를 앞지릅니다. 다만 이런 속도에도 가장 가까운 별인 프록시마센타우리까지 가는 데는 20년이라는 시간이 걸립니다.

※사진 출처: https://breakthroughinitiatives.org/initiative/3

9. 화성 탐사선이 촬영한 화성의 일식

시기별로 크기 차이가 조금은 있지만, 아주 거대한 태양과 지구보다도 작은 달이 어떻게 하늘에서 비슷한 크기로 일식을 만들 수 있을까요? 달이 태양보다 대략 400배 작지만 마침 태양보다 약 400배 가까운 거리에 있어 시직경이 비슷하기 때문입니다. 화성에서 일어나는 일식을 본다면 지구의 일식이 얼마나 절묘하게 아름다운지 알 수 있을 것입니다.

※사진 출처: NASA

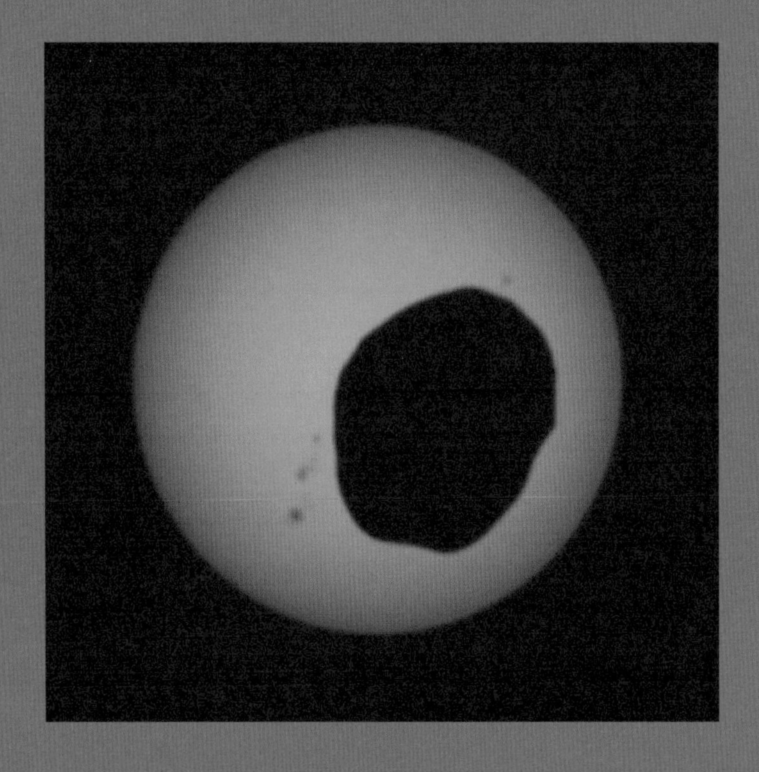

10. 별자리

여러분은 자기 생일날 별자리를 아시나요? 흔한 생각과는 달리 자신의 탄생 별자리는 정작 생일에 볼 수 없답니다. 생일 별자리는 그날 태양과 함께 뜨는 별자리를 말하기 때문입니다. 하늘에서 자신의 생일 별자리를 가장 보기 쉬울 때는 정반대인 6개월 뒤입니다. 간단히 확인하고 싶다면 내 탄생 별자리가 어느 계절 별자리인지 확인해 보는 방법이 있습니다. 만약 겨울이 생일이라면 내 탄생 별자리는 정반대 계절인 여름철 별자리일 것입니다.

※사진 출처: 직접 촬영

11. 레몬 조각 성운

사진의 주인공은 레몬 조각 성운으로, 말 그대로 슬라이스한 레몬의 단면을 보여주는 듯한 이 성운은 사실 질량이 작은 별이 생의 마지막에 자신의 외피층을 우주공간으로 방출하고 있는 행성상(行星狀) 성운입니다. 이 레몬 조각 성운의 중심부에는 아직 간신히 살아 숨 쉬고 있는 적색거성이 자리 잡고 있는데요. 이 붉은 거성은 생의 마지막 단계를 보내며 별이 마지막으로 부여받은 임무로 생애 전반에 걸쳐 만들어 낸 원소를 우주에 도로 흩뿌리는 과정을 거치고 있습니다. 이 별이 마침내 자신의 전부를 우주에 흩뿌리고 나면 할 일을 마친 별은 결국 중심의 핵만 남아 희미하게 빛나는 백색왜성이 될 것이며, 레몬 조각 성운의 별이 생애 내내 만들어 내 우주에 흩뿌린 레몬 단면 모양의 원자들은 언젠가 다시 뭉쳐 새로운 별과 행성으로 그리고 어쩌면 새로운 생명체로 태어날 것입니다.

※사진 출처: NASA

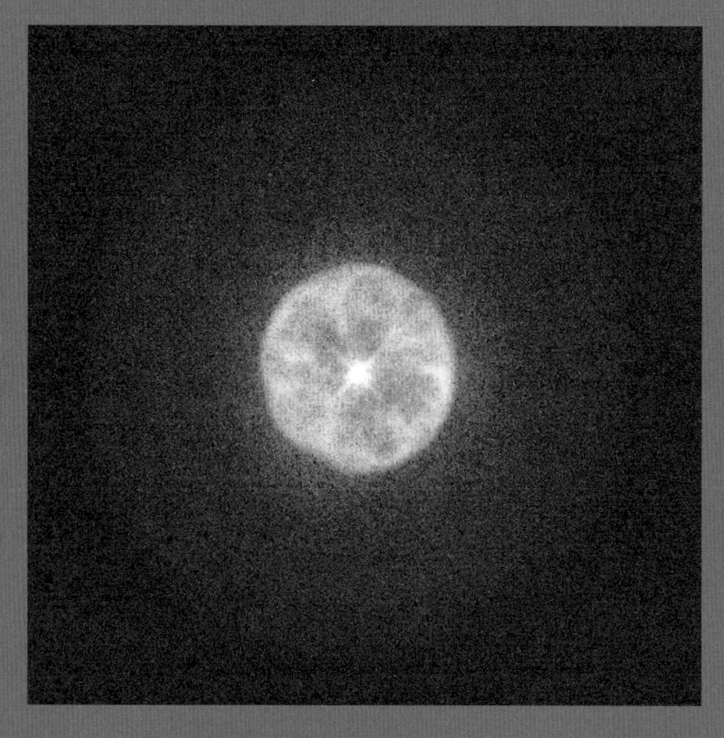

12. 태양대폭풍

1859년 태양대폭풍은 인류의 관측 기록 사상 가장 큰 지자기 태양폭풍으로 '캐링턴 사건'이라고도 부릅니다. 이 태양폭풍이 닥쳐왔을 당시 전 세계 곳곳에서 오로라가 관측될 정도로 어마어마한 위력을 지녔는데, 로키산맥의 오로라는 너무 밝아서 사람들이 낮인 줄 알고 잠에서 깰 정도였으며 미국 북부에서는 오로라의 빛으로 신문을 읽을 수도 있었고 무려 하와이에서도 오로라가 관측되었다고 합니다. 당시는 지금처럼 전기가 보편적으로 보급되던 시절이 아니었기 때문에 유럽과 북아메리카 전역의 전신(모스 부호 하면 떠오르는 그것) 시스템이 마비된 것 외에 커다란 피해는 없었지만, 만약 현대 문명의 혜택을 누리고 있는 지금 저런 폭풍이 닥쳐온다면 약 2조6,000억 달러의 피해액이 발생할 것이라는 전망이 있습니다.
사진은 프레더릭 에드윈 처치의 〈북극광(Aurora Borealis)〉(1865)으로, 태양대폭풍에서 영감을 얻어 그린 그림으로 추측됩니다.

※출처: Frederic Edwin Church, *Aurora Borealis*, 1865, Washington, D.C.: Smithsonian American Art Museum

13. 북극성

밤하늘에서 가장 밝은 별을 북극성(폴라리스)이라고 알고 있는 경우가 있지만 사실 북극성은 그렇게 밝은 별이 아닙니다. 밤하늘에서 가장 밝은 항성은 큰개자리의 시리우스이며, 북극성은 겉보기등급 순위로는 무려 48위에 해당하는 항성입니다. 대략 2등성의 밝기를 가졌기에 광공해가 심한 도심지에서는 육안으로 관측이 어려울 정도입니다. 사진에 북극성을 표시해 두었는데 여러분이 보기엔 어떠신가요?

※사진 출처: 직접 촬영

14. 태양

목소리 변조로 친숙한 원소 헬륨의 이름은 그리스어로 태양을 뜻하는 '헬리오스(Helios)'에서 유래했습니다. 이는 헬륨이 지구에서 발견되기도 전에 태양에서 먼저 발견된 원소이기 때문입니다. 헬륨은 1868년 프랑스의 천문학자 피에르 장센이 태양의 일식을 관측하던 도중 새로운 스펙트럼선이 존재하는 것을 발견하면서 그 존재를 확인하게 되었으며 지구에서의 공식 발견 연도는 1895년입니다.

※사진 출처: 직접 촬영

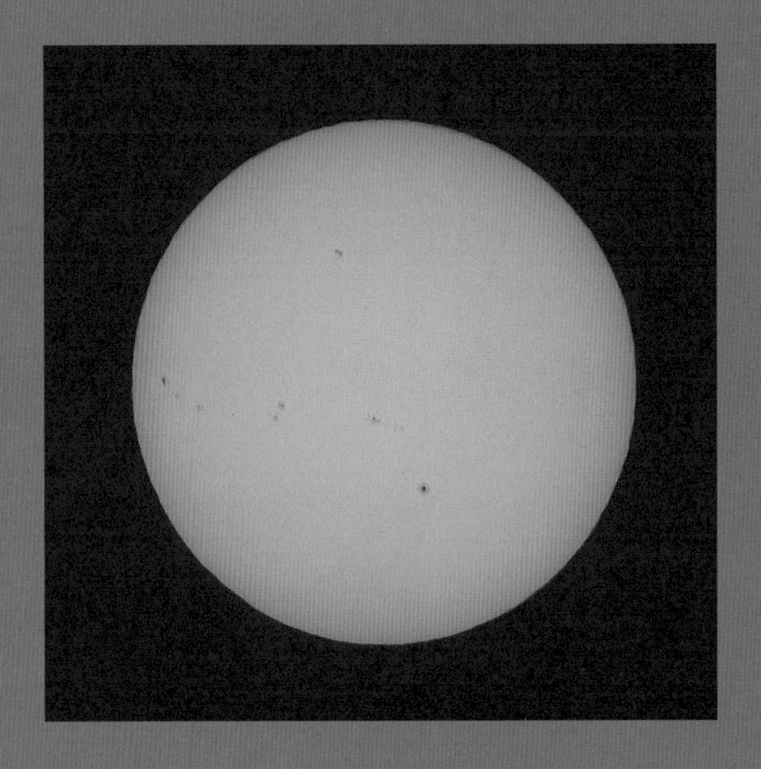

15. 역행 운동을 하는 소행성

소행성들 중에 역행 운동을 하는 것은 전체 소행성의 0.1퍼센트 정도로 아주 드문 경우입니다. 이 중에 가장 먼저 발견되어 이름을 부여받은 것은 디오렛사(Dioretsa)라는 소행성인데 이 이름의 유래는 신화가 아니라 '소행성(Asteroid)'의 철자를 거꾸로 한 것입니다. 무척 단순한… 이름의 유래와는 달리 꽤나 복잡한 성질을 지닌 천체인데, 여타 소행성들과 달리 역행을 하고 궤도가 혜성과 비슷한 점을 꼽아 이 소행성이 본래는 혜성이었을 것으로 추측하고 있습니다. 사진은 (왼쪽부터) 소행성 베스타와 소행성 세레스, 그리고 달입니다.

※사진 출처: NASA

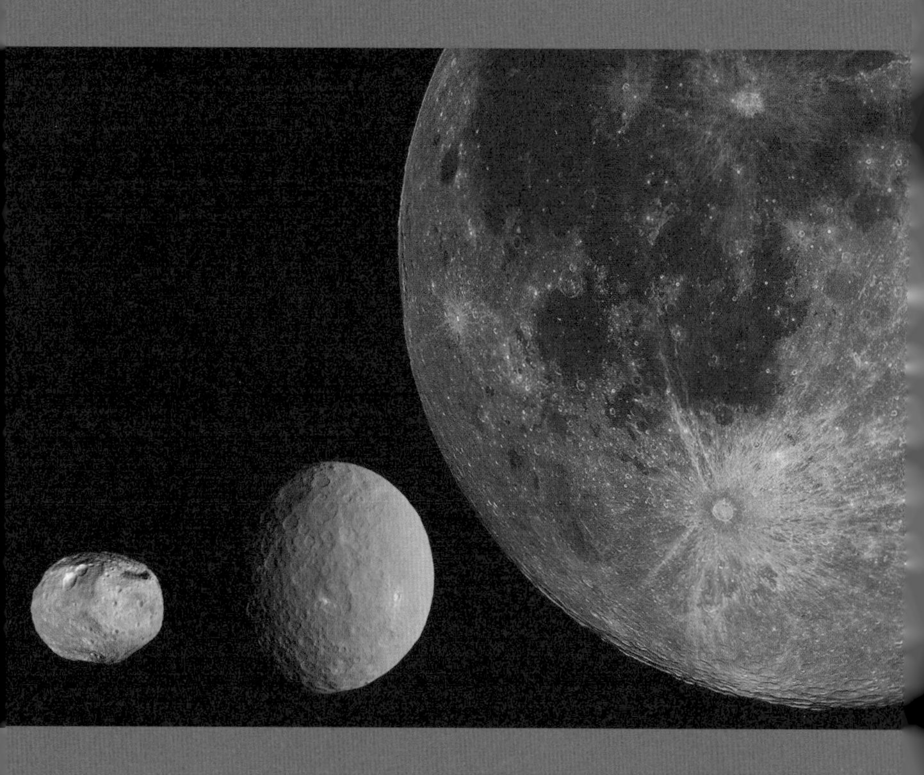

16. 에리다누스자리 알파성 '아케르나르'

저 찌그러진 별의 정체는 무엇일까요? 에리다누스자리의 알파성 아케르나르는 관측된 별들 중에서 가장 평평한 별이라는 타이틀로 널리 알려져 있습니다. 구형이다 못해 아예 바둑돌을 연상시킬 정도로 평평한 모습을 하고 있는데, 아케르나르가 이렇게 찌부러진 원인은 사실 정도만 다를 뿐 다른 천체들에도 똑같이 적용되는 현상입니다. 바로 천체의 자전으로 인한 원심력이 그 원인으로, 천체는 자전으로 인한 원심력으로 완벽한 구형이 아닌 타원 형태를 가지고 있습니다. 이는 지구나 태양도 마찬가지이며 아케르나르가 유독 납작하게 찌그러진 이유는 자전 속도가 태양보다 100배 이상 빨라 그로 인해 발생하는 원심력이 어마어마하기 때문입니다.

※사진 출처: 천체 관측 프로그램으로 직접 촬영

17. 천왕성

아름다운 청록빛을 띠는 태양계 제7행성 천왕성은 해왕성과 함께 태양계 외부를 지키며 그 아름다운 모습으로 많은 사람을 매혹시켰습니다. 그런데 이러한 겉모습과는 다르게 천왕성의 대기는 고약한 냄새로 가득할 것이라는데요. 이는 천왕성의 대기 상층부에 많은 양의 황화수소가 존재하기 때문입니다. 이 때문에 천왕성의 대기 속을 여행하는 여행자는 지구에서와는 비교하기 힘들 정도로 독한 계란 썩는 냄새를 마주하게 될 것입니다. 물론 수소와 헬륨, 메탄으로 구성된 영하 200도의 천왕성의 대기에 노출되는 순간 냄새를 인지하기도 전에 질식사할 것이기 때문에 냄새를 걱정할 필요는 없을 것 같긴 합니다. 푸르스름하고 멋진 외견과는 달리 달걀 썩는 악취로 가득한 행성이라니, 역시 보이는 것이 전부는 아닌 걸까요?

※사진 출처: NASA

18. 태양계 에너지의 원천, 태양

태양의 핵에서 생성되는 에너지의 양은 1세제곱미터당 276.5와트로 원자/수소폭탄에 가깝다기보다는 도마뱀의 신진대사량에 더 가까운 수치입니다. 이는 인간이 흡수하고 배출하는 하루 칼로리의 10퍼센트 수준으로, 그럼에도 태양이 그렇게 엄청난 에너지를 내는 것은 부피당 에너지가 높아서가 아니라 핵 자체의 부피가 어마어마하게 크기 때문입니다.

※사진 출처: NASA

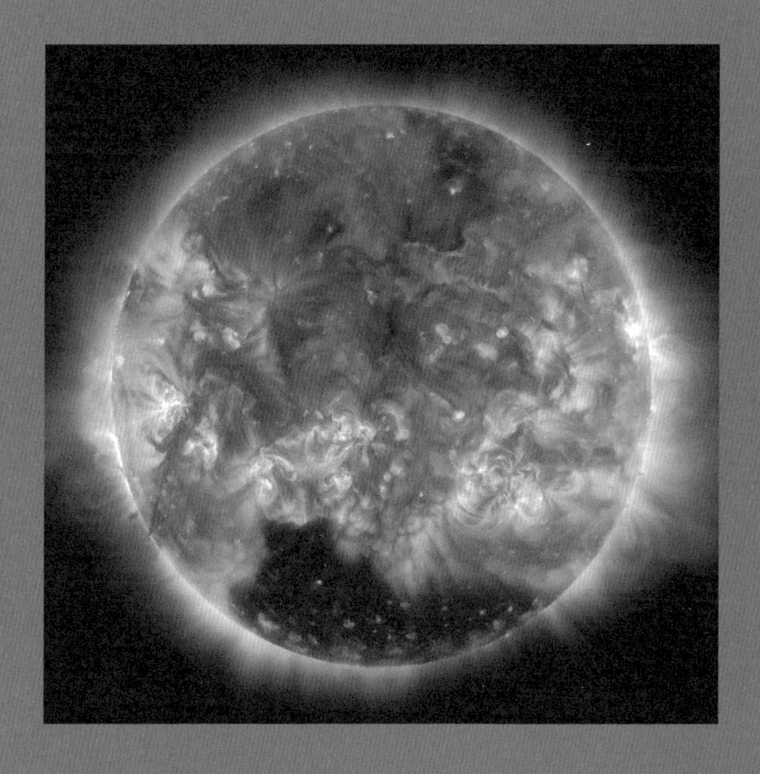

19. 금성의 표면

거의 모든 금성의 표면 지형에는 역사에 등장했거나 혹은 신화 속에 등장한 여성의 이름이 붙여집니다. 예를 들어 금성 북반구에 위치한 대륙의 이름은 '이슈타르 테라'로, '이슈타르'는 고대 바빌로니아의 사랑의 여신의 이름에서 따왔으며, 남반구의 대륙 '아프로디테 테라' 역시 고대 그리스의 사랑의 여신 아프로디테로부터 따온 이름입니다. 다만 예외인 경우가 있는데 영국의 이론물리학자 제임스 클러크 맥스웰의 이름을 딴 '맥스웰산'과 두 고지를 나타내는 '알파 레지오', '베타 레지오'는 여성의 이름을 따지 않았습니다. 그 이유는 간단하게도, 금성의 지형지물에 여성의 이름을 붙이는 시스템이 생기기 전에 지어진 이름이기 때문입니다.

※사진 출처: NASA

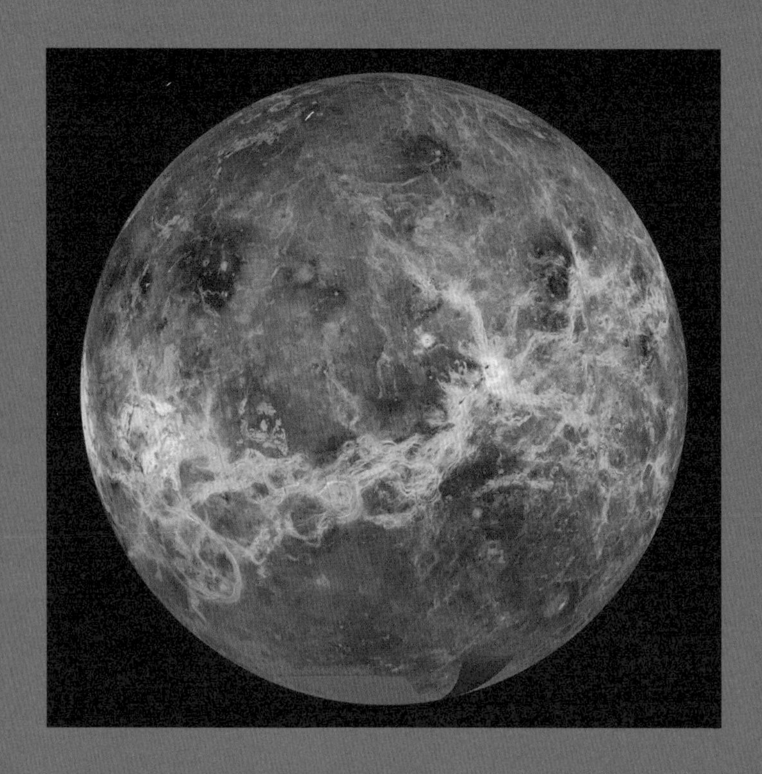

20. 토성 고리의 간극을 지나고 있는 위성 다프니스

사진은 토성의 고리를 찍은 것으로, 고리의 간극을 지나고 있는 돌덩이는 토성의 위성 다프니스입니다. 자세히 보면 다프니스가 지나간 자리에 파도처럼 출렁이는 고리의 모습을 볼 수 있는데 이는 다프니스의 중력에 의해 고리의 입자들이 앞쪽에서 뒤쪽으로 크게 요동치기 때문입니다. 사실 다프니스가 발견된 일화 자체도 이 파도 모양의 요동과 관련이 있는데, 과학자들이 고리가 중력적 영향을 받아 휘어진 흔적을 발견함으로써 간극 주변에 새로운 위성이 있을 것을 예측했기 때문입니다. 이는 실제로 2005년 카시니 탐사선이 다프니스의 사진을 찍어 보내면서 확인되었습니다.

※사진 출처: NASA

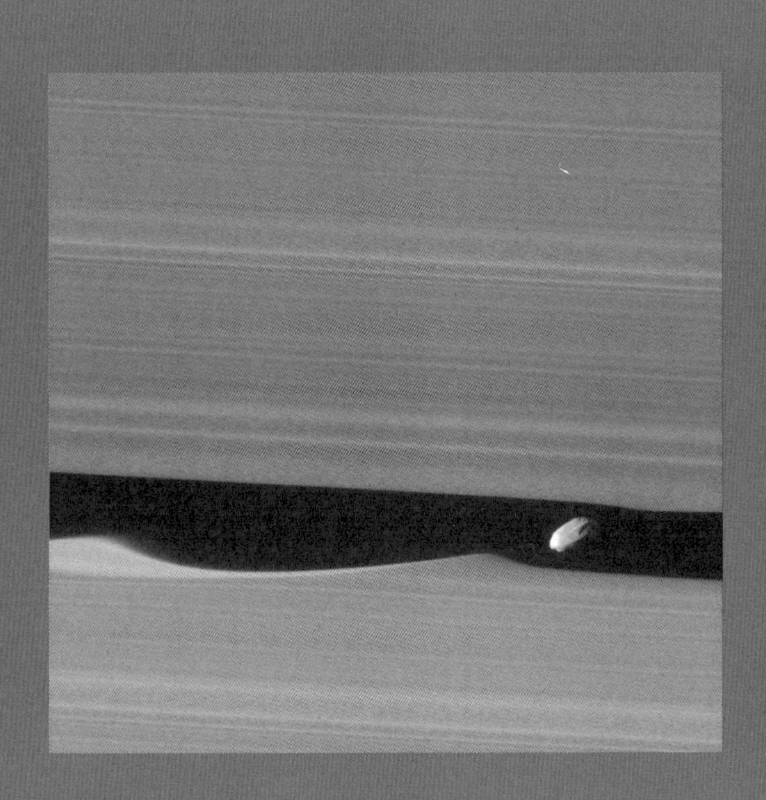

21. 화성과 포보스

화성의 위성 포보스는 태양계 전체 위성 중에서 모행성에 가장 가까운 위성입니다. 포보스는 화성의 중심부에서 겨우 9,400킬로미터밖에 떨어져 있지 않은데 이는 우리나라에서 튀르키예까지의 거리보다 조금 먼 수준입니다. 지구와 달이 무려 38만 킬로미터 떨어져 있고 그 사이에 태양계의 모든 행성이 들어갈 수 있는 것으로 봤을 때 화성과 포보스는 정말 가까운 거리에서 서로를 마주하고 있는 것입니다.

※사진 출처: 천체 관측 프로그램으로 직접 촬영

22. 지극성

사람들은 보통 밤하늘에서 북극성(폴라리스)을 찾을 때 북두칠성의 국자 앞머리를 5배 연장하는 방법을 쓰곤 합니다. 사실 이렇게 천구의 극을 가리키는 별에게도 이름이 있습니다. 이런 별을 바로 지극성이라고 하는데 북반구에 사는 우리에게는 방금 언급한 북두칠성의 두베(Dubhe)와 메라크(Merak)가 바로 지극성이며, 남반구에서는 남십자성의 세로축을 이루는 아크룩스(Acrux)와 가크룩스(Gacrux)를 4.5배 연장하여 천구의 남극을 찾기 때문에 저 두 별이 남반구의 지극성이 됩니다. 사진은 국자 모양의 북두칠성입니다.

※사진 출처: 천체 관측 프로그램으로 직접 촬영

23. 울티마 툴레

인류가 여태껏 탐사한 가장 먼 천체는 무엇일까요? 486958 아로코스(Arrokoth)라는 천체입니다. 2개의 미행성(원시행성을 이루는 고체와 기체 입자가 난류 운동을 하다가 서로 엉겨 붙어 크기가 약 1km까지 커진 물체)이 붙어 눈사람 모양을 하고 있는 이 접촉소천체는 우리에게 비로소 명왕성의 모습을 전해준 뉴 호라이즌스호가 명왕성 다음으로 탐사한 천체입니다. 태양에서 명왕성보다 더 멀리 떨어져 있는 카이퍼 벨트의 천체로 우리는 아직 아로코스 너머의 천체는 탐사하지 못했습니다. 두 미행성에 각각 붙은 '울티마(Ultima)'와 '툴레(Thule)'라는 이름은 라틴어로 '알려진 세상 너머의 곳'을 뜻하며, 아로코스라는 본체의 이름은 아메리카 원주민어로 '하늘'을 뜻합니다.

※사진 출처: NASA

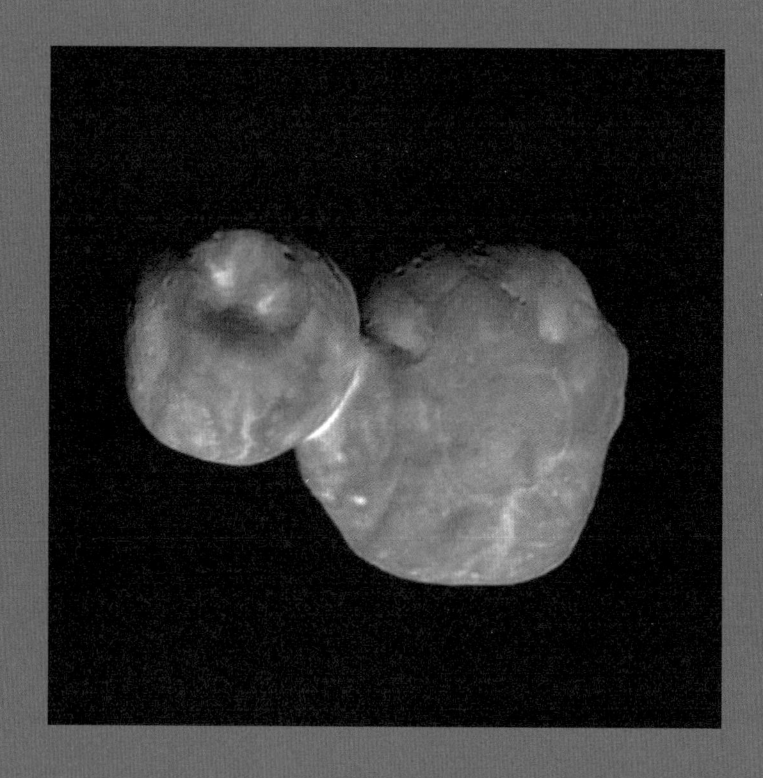

24. 금성의 태양면 통과

태양과 지구 사이의 거리를 처음 잰 것은 1769년으로 금성의 태양면 통과를 이용했는데, 서로 다른 위도의 관측소에서 이를 관측해 삼각측량을 통해 그 결과를 비교하는 방법으로 태양과 지구 사이의 거리를 구할 수 있었다고 합니다. 이 방법을 제시한 사람은 영국의 천문학자 에드먼드 핼리인데 우리에게는 바로 핼리혜성으로 유명한 사람입니다. 안타깝게도 핼리의 살아생전에는 금성의 태양면 통과가 일어나지 않았기 때문에 핼리는 자신이 제시한 방법으로 거리를 측정하는 장면을 볼 수 없었습니다.

※사진 출처: NASA

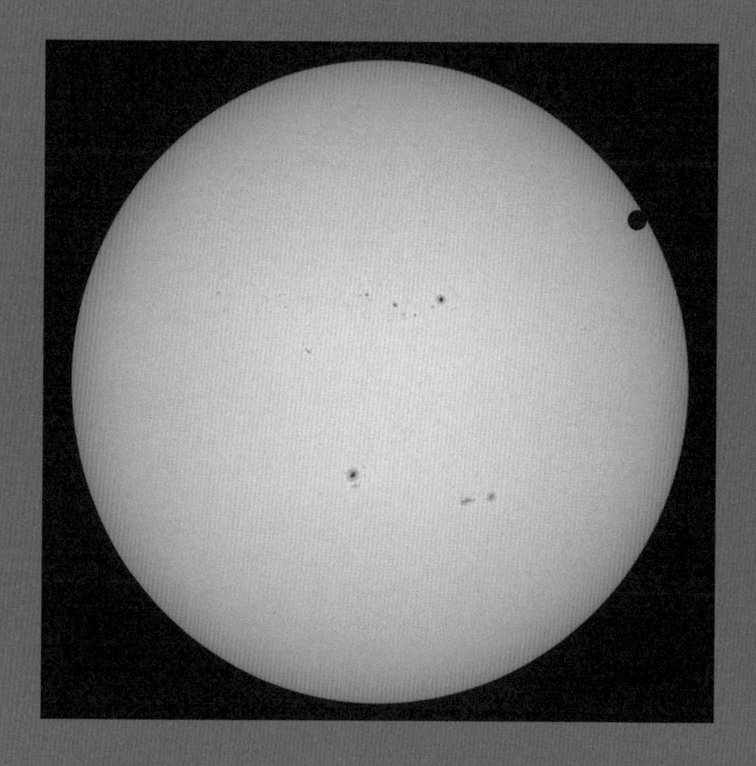

25. 겨울철 대삼각형

작은개자리 알파성 프로키온의 이름은 '개보다 앞선'이라는 뜻을 가지고 있습니다. 이는 큰개자리의 알파성 시리우스보다 항상 프로키온이 먼저 지평선에서 떠오르기 때문에 붙여진 이름인데, 천체 관측을 즐기는 사람들은 이 둘과 오리온자리의 베텔게우스를 이어 겨울철 대삼각형을 만들기도 합니다.

※사진 출처: 직접 촬영

26. 달의 바다

달의 바다는 약 35억 년 전에 분출한 마그마가 식으며 생긴 현무암질 암석으로 인해 어두운 색을 띠고 있는 부분입니다. 그런데 왜 바다일까요? 정말 물이 있어서는 아니고 갈릴레오 갈릴레이가 달을 관측하며 이 어두운 지역에 물이 있을 것이라고 판단해 바다라고 이름 붙였기 때문입니다. 실제로는 그저 주변보다 지대가 낮은 평원지형일 뿐이니 달에서의 항해는 아쉽게도 포기해야겠네요.

※사진 출처: 직접 촬영

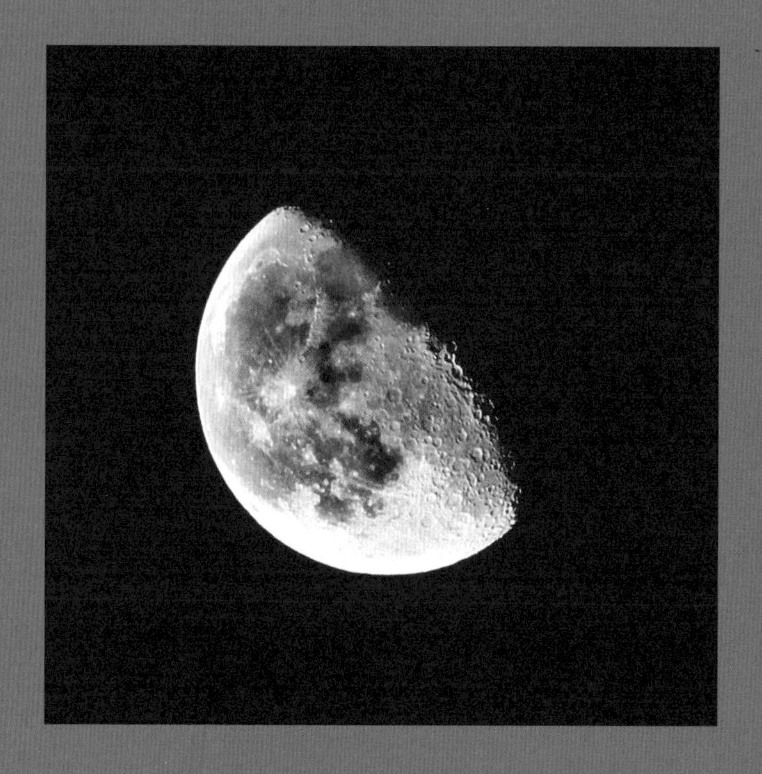

27. 인제뉴어티

지구 바깥에서의 첫 동력 비행은 2021년 화성에서 이루어졌습니다. 화성 탐사 로버 퍼서비어런스(Perseverance)와 함께 화성 탐사 임무를 수행 중인 드론 인제뉴어티(ingenuity)가 그 주인공으로 첫 비행에서 약 39초간의 비행을 무사히 성공했습니다. 이는 1903년 라이트 형제가 인류 최초의 동력 비행을 성공한 지 118년 만의 일로, 이를 기념하여 인제뉴어티가 첫 비행을 성공한 장소에는 '라이트 형제 필드'라는 이름이 붙게 되었습니다.

※사진 출처: https://robotsguide.com/robots/ingenuity

28. 허블 우주 망원경이 찍은 부메랑 성운

부메랑 성운은 현재 확인한 것들 중에 자연 상태에서 가장 낮은 온도를 지닌 것으로 유명합니다. 부메랑 성운의 온도는 섭씨 −272.15도로 측정되는데 이는 절대영도보다 단 1도 높은 수치입니다. 이 성운이 이렇게 차가워진 까닭은 가스의 급속 단열 팽창 때문인 것으로 보입니다.

※사진 출처: NASA

29. 금성의 황산 구름

금성에도 비가 내립니다. 하지만 물로 이루어진 지구의 비와 달리 금성의 비는 그 성분이 무려 황산입니다. 황산으로 이루어진 끔찍한 비도 무섭지만 더 무서운 것은 금성의 작열하는 온도로 인해 이 비가 지표면에 도달하기 전에 도로 증발해 버리기 때문에 비를 맞을 일이 없다는 것입니다.

※사진 출처: https://universemagazine.com/en/precipitation-on-other-planets/

30. 카시니가 찍은 토성의 위성

태양계에서 가장 많은 위성을 가진 천체는 무엇일까요? 2023년을 기준으로 가장 많은 위성을 거느린 천체는 토성입니다. 토성에서 궤도가 확인된 위성의 수는 무려 146개로 태양계의 나머지 모든 위성의 수를 합친 것보다 더 많습니다.

※사진 출처: NASA

31. 태양빛을 받는 지구

지구가 받는 태양에너지는 전체 태양에너지의 22억 분의 1에 해당합니다. 정말 전체 에너지의 극히 일부만을 받고 있지만 이렇게 한 시간 반 동안 지구에 도달하는 태양에너지는 전 세계 인류가 1년 동안 사용하는 에너지 수요를 모두 충족할 수 있습니다.

※사진 출처: NASA

32. 돛자리 초신성

돛자리 초신성 잔해는 약 12,000년 전에 폭발한 초신성의 잔해입니다. 이때 이 초신성의 밝기는 무려 1억 배 더 밝아져 지구에서도 달과 비슷한 밝기로 보일 정도였을 거라고 하는데요. 선사시대를 살던 조상들도 이 광경을 목격했을 것이나 문자가 없던 시절이라 기록으로 남은 건 없다고 합니다.

※사진 출처: https://www.eso.org/public/

33. 지구에 가장 가깝게 접근한 자연 물체

기록상 지구에 가장 가깝게 접근한 자연 물체는 2020 VT4라는 소행성입니다. 이 소행성은 지구에 370킬로미터 거리까지 접근했는데 우주적 관점으로는 코앞까지 들이닥친 거리라고 할 수 있습니다. 2020 VT4는 지구에 가장 가까이 접근하고 15시간 후에 소행성 충돌 최종 경보체계(ATLAS)에 의해 발견되었습니다. 다행히 소행성의 크기가 5~10m로 추정되어 충돌했더라도 큰 피해는 없었을 것으로 추측됩니다. 사진은 또 다른 소행성 디모포르스로, 2020 VT4는 이미지가 없는 천체입니다.

※사진 출처: NASA

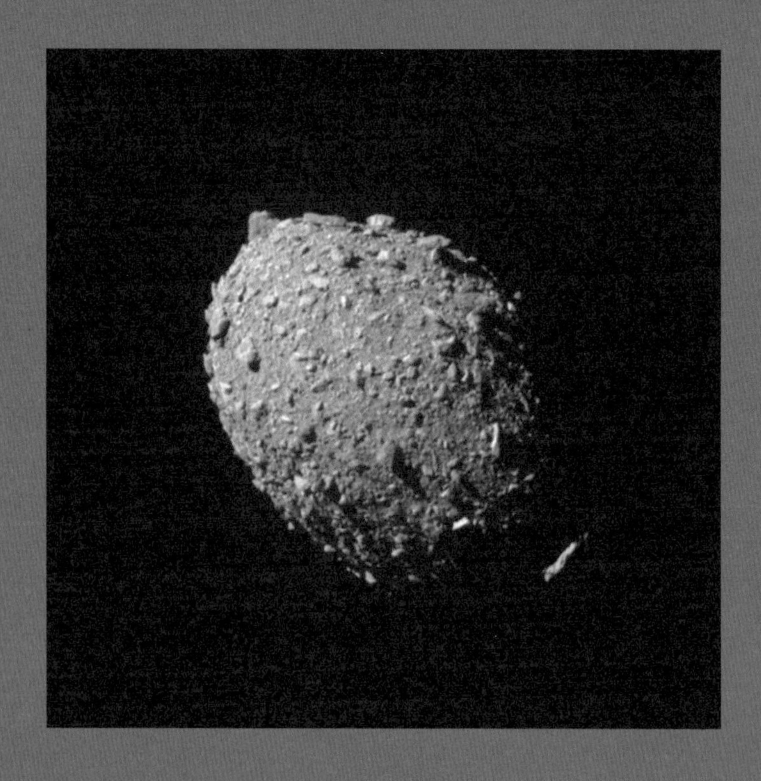

34. 해왕성

해왕성은 발견 이래로 아직까지 한 번밖에 공전을 완료하지 못했습니다. 1846년에 발견된 해왕성이 한 번의 공전을 마치고 발견된 당시의 자리로 돌아온 것은 비교적 최근인 2011년의 일인데요. 다음 공전 완료 시기가 무려 2176년이니 우리 생애 내에 해왕성이 다음 해를 맞는 것을 보기는 어렵겠습니다.

※ 사진 출처: https://www.space.com/

35. VB 10

VB 10은 알려진 것 중 가장 가벼운 별입니다. 태양과 같은 항성임에도 불구하고 질량이 태양의 8퍼센트 정도에 불과한데 이는 별이 되기 위한 질량의 하한선에 걸친 것입니다. 이보다 조금만 가벼웠더라면 VB 10은 별이 되지 못했을 겁니다. 이 별 곁에서는 행성도 하나 발견되었는데 어머니 별과의 질량 차이는 고작 10배로 태양이 지구보다 33만 배 무거운 것을 생각하면 굉장히 작은 차이입니다.

※사진 출처: NASA

36. 수성

수성은 크기가 매우 작습니다. 무려 행성이면서 목성의 위성의 위성인 가니메데나 토성의 위성인 타이탄보다도 크기가 작습니다. 하지만 밀도가 매우 높은 탓에 질량은 어느 위성에도 뒤지지 않습니다. 수성은 목성의 위성인 가니메데보다 작지만 질량은 2배 이상 무겁습니다.

※사진 출처: NASA

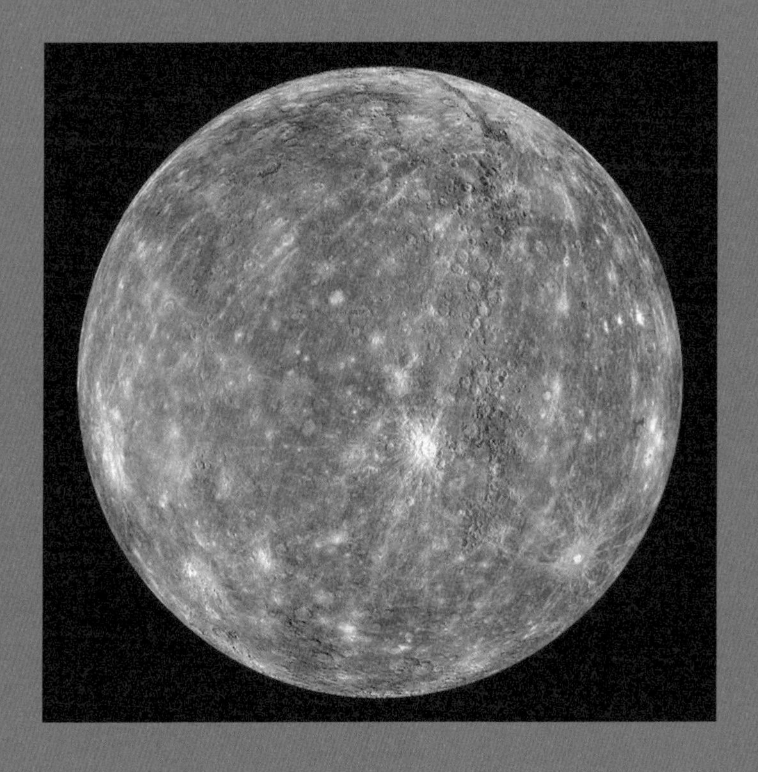

37. 남두육성

북두칠성이 가장 유명하지만 그와 비슷한 것으로 남두육성이 있습니다. 북두칠성과 비슷한 국자 모양 때문인지 북두칠성을 '큰 국자(big dipper)'라고 부른 서양인들은 마찬가지로 남두육성을 '우유국자(milk dipper)'라고 불렀다고 합니다. 이는 남두육성이 은하수(milky way) 옆에 위치하기 때문입니다. 큰곰자리의 일부인 북두칠성과 마찬가지로 이 남두육성 역시 궁수자리의 일부로 있습니다.

※사진 출처: 천체 관측 프로그램으로 직접 촬영

당신의 곁에 우주를 가져다드립니다

초판 1쇄 인쇄 2024년 11월 4일
초판 1쇄 발행 2024년 11월 22일

지은이 | 이민규
발행인 | 강봉자, 김은경

펴낸곳 | (주)문학수첩
주소 | 경기도 파주시 회동길 503-1(문발동633-4) 출판문화단지
전화 | 031-955-9088(대표번호), 9532(편집부)
팩스 | 031-955-9066
등록 | 1991년 11월 27일 제16-482호

홈페이지 | www.moonhak.co.kr
블로그 | blog.naver.com/moonhak91
이메일 | moonhak@moonhak.co.kr

ISBN 979-11-93790-79-3 03440